普通高等教育农业农村部"十三五"规划教材
全国高等农林院校"十三五"规划教材
"大国三农"系列规划教材

地质学与地貌学实验实习指导

第二版

王　数　东野光亮　主编

中国农业出版社

北　京

图书在版编目（CIP）数据

地质学与地貌学实验实习指导/王数，东野光亮主编．—2版．—北京：中国农业出版社，2022.1
普通高等教育农业农村部"十三五"规划教材　全国高等农林院校"十三五"规划教材
ISBN 978-7-109-29057-0

Ⅰ．①地… Ⅱ．①王… ②东… Ⅲ．①地质学－实验－高等学校－教学参考资料②地貌学－实验－高等学校－教学参考资料 Ⅳ．①P5-33 ②P931-33

中国版本图书馆 CIP 数据核字（2022）第 012410 号

地质学与地貌学实验实习指导　第二版
DIZHIXUE YU DIMAOXUE SHIYAN SHIXI ZHIDAO　DIERBAN

中国农业出版社出版
地址：北京市朝阳区麦子店街 18 号楼
邮编：100125
策划编辑：胡聪慧　　责任编辑：李国忠　　文字编辑：胡聪慧
版式设计：杨　婧　　责任校对：沙凯霖　　责任印制：王　宏
印刷：三河市国英印务有限公司
版次：2007 年 12 月第 1 版　　2022 年 1 月第 2 版
印次：2022 年 1 月第 2 版河北第 1 次印刷
发行：新华书店北京发行所
开本：720mm×960mm　1/16
印张：14.25
字数：250 千字
定价：38.50 元

第二版编写人员名单

主　　编　王数　东野光亮

副 主 编　陈亚恒　郑子成　郭景恒　冯君

编写人员（按姓氏笔画排序）

王　数　　中国农业大学

王国安　　中国农业大学

王雅婧　　中国农业大学

东野光亮　山东农业大学

冯　君　　吉林农业大学

朱西存　　山东农业大学

陈亚恒　　河北农业大学

郑子成　　四川农业大学

栗　丽　　山西农业大学

徐　艳　　中国农业大学

郭景恒　　中国农业大学

第一版编写人员名单

主　　编　　王　数　　东野光亮
副 主 编　　陈亚恒　郑子成　冯　君
编　　者　（按姓氏笔画排序）

王　数　　　中国农业大学
东野光亮　　山东农业大学
田晓东　　　山西农业大学
冯　君　　　吉林农业大学
李惠卓　　　河北农业大学
陈亚恒　　　河北农业大学
郑子成　　　四川农业大学
夏建国　　　四川农业大学

　　《地质学与地貌学实验实习指导》（第二版）于 2017 年入选普通高等教育农业农村部"十三五"规划教材，在第一版的基础上进一步修改完善而成，为《地质学与地貌学》的配套实践教材。根据教学需要，除保留了第一版的室内实验和野外实习 2 个部分外，又增加了第三部分：常见矿物、岩石、化石和典型景观照片。第一部分室内实验包括：Ⅰ矿物、岩石的肉眼观察；Ⅱ矿物、岩石及土壤微形态的观察；Ⅲ地质罗盘仪的使用、读图与绘图 3 个方面。该部分的内容除按《地质学与地貌学》教材的顺序编写外，还增加了土壤微形态的基本知识，体现了农业院校的特色。

　　第二部分野外实习包括：野外实习的基本工作方法；野外地质调查的基本方法及技能；地貌调查；地质地貌调查的遥感方法；典型的地质地貌教学实习路线 5 个方面。其中地貌调查部分，增加了"地貌演变与地貌重塑"内容。由于地学课程具有很强的实践性特点，因而此部分即是为该课程相应的野外实习而编写的。

　　本教材编写上与时俱进，配套二维码资源，在相关内容后面，可以通过扫描二维码观察到相关标本或景观彩色照片，让读者有一个更直观的感受。

　　本教材可供土地资源管理、农业资源与环境、生态学、城乡规划、环境工程、水土保持与荒漠化防治等专业的本科生使用，以及其他相关专业学生使用。各学校可根据各自专业特点选择适当的内容进行教学。

　　本教材由中国农业大学、山东农业大学、吉林农业大学、山西农业大学、河北农业大学和四川农业大学的一线任课教师联合编写。

主编王数、东野光亮及 4 位副主编分别对教材内容进行了校核，全书由王数统稿。

本教材得到了许多老师的支持与帮助，在此表示衷心感谢！感谢所有关心和支持本教材的人们！

由于编者的学识有限，书中难免有错误，敬请广大师生和读者批评指正！

编　者

2021 年 2 月

　　《地质学与地貌学实验实习指导》是教材《地质学与地貌学》的配套实践教材。根据教学需要，该教材分为室内实验和野外实习两大部分。其中室内实验部分包括：矿物、岩石的肉眼鉴定；矿物、岩石的显微鉴定；地质罗盘仪的使用、读图与绘图3个方面。室内实验部分的内容基本按教材《地质学与地貌学》的顺序编写。野外实习部分包括：野外实习的基本工作方法；野外地质调查的基本方法及技能；地貌调查；地质地貌调查的遥感方法；典型的地质地貌教学实习路线5个方面。由于地学课程具有很强的实践性特点，因而野外实习部分即是为该课程相应的野外实习而编写的。本教材可供土地资源管理、农业资源与环境、生态学、城乡规划、地理信息科学、环境工程、水土保持与荒漠化防治等专业的本科生以及相关专业学生使用，各学校可根据不同专业特点选择相应的内容。

　　本教材由中国农业大学、山东农业大学、吉林农业大学、山西农业大学、河北农业大学和四川农业大学的任课教师联合编写，是老师们多年教学经验的积累和总结。

　　本教材得到了中国农业大学资源与环境学院李保国教授和有关老师的支持与帮助，在此表示衷心感谢！感谢所有关心和支持本教材的人们！

　　由于编者的学识有限，书中如有不当之处，敬请广大师生和读者批评指正。

编　者

2007 年 6 月

第二版前言

第一版前言

第一部分　室内实验

■ Ⅰ矿物、岩石的肉眼观察

实验一　矿物的形态和物理性质的观察与认识

一、实验目的

1. 通过观察典型矿物的形态、矿物光学性质、矿物力学性质等物理性质，巩固课堂上讲授的有关知识。

2. 掌握描述矿物的有关术语及方法。

3. 掌握主要造岩矿物的鉴定特征。

二、实验要求

1. 实验前认真预习教材中有关矿物的内容。

2. 认真仔细地观察典型矿物标本，注意其鉴定特征。

三、工具与药品

工具包括放大镜、小刀、条痕板、摩氏硬度计、专用手电；药品包括10%HCl溶液。

四、实验内容

（一）矿物形态的观察

1. 矿物单体形态的观察　矿物单体的形态，可从矿物单体的结晶习性和晶面上的特征这2个方面来描述。本实验着重于矿物单体的结晶习性，它是鉴定矿物的重要依据。结晶习性，也称晶体习性，是指矿物在外界条件下，常常趋向于形成某种特定的习见形态。根据晶体在三维空间的发育程度，结晶习性大致分为 3 种基本类型。

（1）一向延长型 晶体沿 1 个方向特别发育，呈柱状、棒状、针状等。如绿柱石［图 3-1-68（1）］、角闪石（图 3-1-61）、电气石（图 3-1-47）、雄黄［图 3-1-10（1）］等。

（2）二向延长型 晶体沿 2 个方向相对发育，呈板状、片状、鳞片状等。如板状石膏、云母、重晶石（图 3-1-80）、石墨（图 3-1-1）等。

（3）三向延长型 晶体沿 3 个方向发育大致相同，呈粒状或等轴状。如黄铁矿（图 3-1-4）、橄榄石（图 3-1-67）、石榴石（图 3-1-48、图 3-1-49）等。

此外，还存在短柱状、板柱状、板条状和厚板状等过渡类型。

2. 双晶 同种物质的晶体有规则地连生在一起，称为双晶。双晶可以是 2 个晶体，也可以是 2 个以上的晶体平行连生。如萤石的穿插双晶、方解石的双晶、正长石卡氏双晶（图 3-1-53）和斜长石的聚片双晶，后 2 种双晶常常是区别这 2 类长石的重要依据。

3. 显晶质集合体的观察 根据单体的晶体习性及集合方式，显晶质集合体的形态常见有柱状、针状、板状、片状、鳞片状和粒状等，如云母（图 3-1-58、图 3-1-59、图 3-1-60）、板状石膏［图 3-1-78（右）］等为板状集合体。此外，还有一些常见的特殊形态的集合体。

（1）晶簇 晶簇是指在岩石的空洞或裂隙中，丛生于同一基底，另一端朝向自由空间发育而具完好晶形的簇状单晶体群，如常见的水晶晶簇（图 1-1-1）、方解石晶簇、辉锑矿晶簇（图 3-1-6）。

晶簇中生长方向与基底近于垂直的晶体，由于首先争得自由发育的空间，往往发育较大、较好，而其他方向晶体的生长受到前一类晶体的阻碍，得不到充分发育，这就是晶体生长的几何淘汰律（图 1-1-2）。

（2）纤维状集合体 纤维状集合体由一系列细长针状、柱状或纤维状的矿物单体平行密集排列而成。成纤维状集合体的矿物具有较强的一向延长倾向。当溶液在岩石裂隙中活动时，晶体从裂隙壁开始生长，由于几何淘汰律的作用，只有垂直裂隙壁的晶体得以长大，最终形成垂直裂隙壁的晶体。

有些矿物有较弱的一向延长倾向，它们能形成垂直裂隙壁且平行排列的集合体，但个体较粗，这种集合体称为梳状集合体。如矿脉（充填了矿物的裂隙称为"脉"）中的石英，常呈梳状集合体产出，被称为马牙石（图 1-1-3）。

（3）放射状集合体 放射状集合体由长柱状、针状或板状的许多单体围绕某一中心呈放射状排列而成（图 1-1-4）。

（4）树枝状集合体　晶体由一个晶芽开始长大，在棱角处不断分枝，形成柏枝样的集合体，称为树枝状集合体（图1-1-6）。树枝状集合体常形成于岩石裂隙中，形状如植物化石，故有"假化石"之称。如软锰矿形成的树枝状集合体（图1-1-5）。

4. 隐晶质及胶态集合体　只有在显微镜的高倍镜下才可分辨矿物单体的集合体称为隐晶质集合体，而胶态集合体则即使在显微镜下也不能辨别出单体的界线。隐晶质及胶态集合体可以由溶液直接结晶或胶体作用形成。由于胶体的表面张力作用，常使集合体表面趋向于球状。胶体老化后，常变成隐晶质或显晶质。按其形成方式及形状特征，常见的隐晶质及胶态集合体主要有以下几种。

（1）分泌体　分泌体是在球状或不规则形状的岩石空洞中，由胶体或晶质物质自洞壁逐渐向中心层层沉淀充填而成。分泌体常呈卵圆状，具同心层状构造，中心往往留有空腔，有时其中还见有晶簇。各层在成分和颜色上有差异。

分泌体平均直径＞1 cm者称为晶腺，如玛瑙晶腺；平均直径＜1 cm，充填于火山熔岩气孔中的次生矿物（如方解石等）称为杏仁体。

（2）结核　与分泌体不同，结核是由隐晶质或胶体物质围绕某一中心（如砂粒、生物碎片或气泡等）自内向外逐渐生长而成。结核一般多见于沉积岩中，常形成于海洋、湖沼中。

结核形状多样，有球状、瘤状、透镜状和不规则状等，其直径一般＞1 cm，内部常具同心层状、放射纤维状或致密构造，如黄铁矿结核，其表面还可见因胶体老化所致的立方体晶面（图1-1-7）。此外，常见的还有磷灰石、方解石、赤铁矿、褐铁矿等结核。

图1-1-1　水晶晶簇

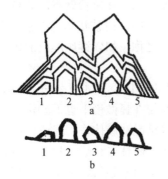

图 1-1-2 几何淘汰律

1、2、3、4、5 为不同的晶体个体

图 1-1-3 马牙石

图 1-1-4 放射状集合体

图 1-1-5 软锰矿的树枝状集合体

图 1-1-6 树枝状集合体

图 1-1-7 黄铁矿结核

(引自南京大学地质系岩矿教研室，1978)

（3）鲕状及豆状集合体　鲕状及豆状集合体是指由胶体物质围绕悬浮状态的细砂粒、矿物碎片、有机质碎屑或气泡等层层凝聚而成，并沉积于水底呈圆球形、卵圆形的矿物集合体。若半数以上球粒的直径＜2 mm，其形状、大小如鱼卵者称为鲕状集合体，如鲕状赤铁矿、鲕状铝土矿；如果球粒大小似豌豆，其直径一般为数毫米，则称为豆状集合体，如豆状赤铁矿。鲕状及豆状集合体均具明显的同心层状内部构造。

（4）钟乳状集合体 钟乳状集合体是指在岩石洞穴或裂隙中，由于溶液蒸发或胶体凝聚，在同一基底上向外逐层堆积而形成的集合体的统称。这类集合体内部具同心层状、放射状、致密状或结晶粒状构造。其外部构造常呈圆锥形、圆丘形、半球形和半椭球形等形状，通常以具体形状与常见物体类比而给予其不同的名称，如石钟乳、石笋、石柱等。

此外，还有凭肉眼或放大镜不能辨别其颗粒界限的块状集合体；矿物呈细粉末状较疏松地聚集成块的土状集合体；矿物呈粉末状分散附在其他矿物或岩石的表面的粉末状集合体。

（二）矿物物理性质的观察

1. 矿物的光学性质 矿物的光学性质是矿物对光线的吸收、折射和反射所表现出来的各种性质，包括颜色、条痕、光泽和透明度。

（1）颜色 矿物的颜色主要是矿物对可见光波的吸收作用引起的。根据颜色的成因，可分为以下 3 种。

①自色：自色是矿物本身固有的颜色，自色主要是因为矿物成分中含有色素离子。自色比较稳定，故在矿物鉴定上意义较大，如黄铜矿（图 3-1-8）具有黄铜色，肾状磁铁矿（图 3-1-24）具有铁黑色，针状孔雀石（图 3-1-71）具有绿色，方解石（图 3-1-75）、石膏（图 3-1-78）具有白色等，这些都是自色。

②他色：与矿物本身固有的化学组成无关，因外来的带色杂质、气泡等包裹体的机械混入，而染成的颜色称为他色，如蔷薇石英（图 3-1-13），由于他色多变且不稳定，在一般情况下无鉴定意义。

③假色：由矿物内部的裂隙、解理面及表面的氧化膜引起光波的干涉而产生的颜色称为假色，如黄铜矿风化表面彩色薄膜所形成的锖色（烤蓝色）。

（2）条痕 条痕是矿物粉末的颜色，将矿物在干净、平整、白色无釉的瓷板上擦划，当矿物的硬度小于瓷板时，所留下的条痕色即为条痕。矿物的条痕色比矿物表面的颜色更为固定，它能清除假色，减弱他色而显自色，因而更具有鉴定意义，如块状赤铁矿有黑色、红色等，但它们的条痕都是樱红色。

（3）透明度 矿物透光的能力称为透明度，通常根据矿物透光能力的大小可将矿物分为 3 类：①透明矿物，如水晶、冰洲石；②半透明矿物，如方解石、石英；③不透明矿物，如磁铁矿、石墨。

（4）光泽 矿物的光泽是指矿物表面对可见光的反射能力。矿物反光能力大，光泽强，反之光泽弱。肉眼鉴定矿物时，根据矿物新鲜平滑的晶面、解理面或磨光面上反光能力的强弱，同时常配合矿物的条痕和透明度，将矿物的光泽分为 4 个等级。

①金属光泽：矿物反光能力很强，如同光亮的金属器皿表面的反光，如黄铁矿。

②半金属光泽：矿物反光能力较强，如同未经磨光的金属表面的反光。矿物呈金属色，条痕为深彩色（如棕色、褐色等），不透明或半透明，如赤铁矿、磁铁矿等。

③金刚光泽：矿物反光能力较强，似金刚石般明亮耀眼的反光。矿物的颜色和条痕均为浅色（如浅黄、橘红、浅绿等）、白色或无色，半透明或透明，如闪锌矿（图 3-1-9）、雄黄和金刚石。

④玻璃光泽：矿物反光能力相对较弱，呈普通平板玻璃表面的反光。矿物为无色、白色或浅色，条痕呈无色或白色，透明，如石英晶面、方解石、萤石。

此外，在矿物不平坦的表面或矿物集合体的表面上，常表现出一些特殊的变异光泽，主要有以下几种。

①油脂光泽：油脂光泽是某些具玻璃光泽或金刚光泽、解理不发育的浅色透明矿物，在其不平坦的断口上所呈现的如同油脂般的光泽。如石英断口上的光泽（图 3-1-12）、磷灰石断口上的光泽。

②树脂光泽：在某些具金刚光泽的黄、褐或棕色透明矿物的不平坦的断口上，可以见到似松香般的树脂光泽。

③沥青光泽：解理不发育的半透明或不透明的黑色矿物，其不平坦的断口上具乌亮沥青状光泽，如沥青铀矿等。

④珍珠光泽：珍珠光泽是浅色透明矿物的极完全解理面上呈现出如同珍珠表面或蚌壳内壁那种柔而多彩的光泽，如白云母、板状石膏。

⑤丝绢光泽：无色或浅色、具玻璃光泽的透明矿物的纤维状集合体表面常呈蚕丝或丝织品状的光泽，如纤维石膏和石棉等。

⑥蜡状光泽：某些透明矿物的隐晶质或非晶质致密块体上，呈现出蜡烛表面的光泽，如块状叶蜡石、蛇纹石和粗糙的玉髓等。

⑦土状光泽：呈土状、粉末状或疏松多孔状集合体的矿物，表面如土块般暗淡无光，如高岭石、褐铁矿等。

影响光泽的主要因素是矿物的化学键类型。具金属键的矿物，一般为金属或半金属光泽；具共价键的矿物，一般为金刚光泽或玻璃光泽；具离子或分子键的矿物，对光的吸收程度小，反光很弱，光泽也暗。

矿物的光泽等级一般是确定的，但变异光泽却因矿物产出状态不同而异。光泽是鉴定矿物的依据之一，也是评价宝石的重要标志。

在观察矿物的光泽时，要在比较明亮的光线下，对着光线的入射方向，反复转动矿物来进行观察，对矿物晶体要选择清洁新鲜的解理面、晶面光滑的平面进行观察；对矿物的集合体，要以矿物集合体总的光泽为准，另外还要注意某些矿物不同部位具有不同的光泽，如石英晶面是玻璃光泽，而断口上却是油脂光泽。

矿物的各种光学性质是相互关联的，表1-1-1总结了矿物的颜色、条痕、光泽、透明度相互间的关系。

表1-1-1　矿物颜色、条痕、光泽、透明度的关系

颜　色	无色或白色	浅（粉）色	深色	金属色
条　痕	无色或白色	无色或白色	无色或白色	深色或金属色
光　泽	玻璃—金刚光泽		半金属或金属光泽	
透明度	透明	半透明		不透明

2. 矿物的力学性质　矿物在外力作用下所表现出的性质称为力学性质，包括解理、断口、硬度等。

（1）解理与断口　矿物在外力作用下，沿着一定方向裂开成光滑平面的性能称为解理，裂开的平面称为解理面。若矿物在外力作用下不是沿着一定的方向破裂，同时破裂面呈凹凸不平的表面，这种破裂面称为断口。

根据解理形成的难易，解理片的厚薄、大小及平整光滑的程度，将解理分为5级。

①极完全解理：矿物易分裂成薄片，解理面平整光滑，此类矿物一般无断口出现，如金云母（图3-1-58）。

②完全解理：用小锤轻击，矿物即会沿解理面裂开，解理面相当光滑，此类矿物不易见到断口，如方解石（图3-1-75）。

③中等解理：矿物受力后，常沿解理面破裂，解理面较小，不是很平滑，且不太连续，常呈阶梯状，却仍闪闪发亮，清晰可见，如绿辉石（图3-1-65）、蓝晶石（图3-1-36）等。

④不完全解理：在外力击碎的矿物上，很难看到明显的解理面，大部分为不平坦的断口，如磷灰石（图3-1-70）。

⑤极不完全解理：矿物实际上没有解理，如石英。

没有解理的矿物，断口自然十分明显，断口不发育者，解理发育。另外，由于晶格中构造单位间的结合力在各个方向上可以相同，也可以不同，因而在同一矿物上就可以具有不同方向和不同程度的几组解理同时出现，例如云母有

1组极完全解理，方解石具有3组完全解理。

（2）矿物的硬度　矿物抵抗刻划、压入和研磨的能力称为硬度。矿物的硬度比较稳定，在鉴定上具有很大意义。矿物硬度的大小，通常通过与摩氏硬度计中的矿物互相刻划进行比较而确定，摩氏硬度计包括10种矿物（表1-1-2）。

表1-1-2　矿物硬度分级

硬度等级	1	2	3	4	5	6	7	8	9	10
代表矿物	滑石	石膏	方解石	萤石	磷灰石	正长石	石英	黄玉	刚玉	金刚石

鉴定矿物硬度的方法是在被测矿物的平面上用摩氏硬度计中标准矿物的尖端去刻划它，若在矿物表面留下刻痕则标准矿物硬度大于被测矿物硬度，否则标准矿物的硬度小于被测矿物的硬度。通过多次试验，使被测矿物的硬度界于硬度计中相邻标准矿物硬度之间，便可得出待测矿物的硬度。

此外，应当说明的是，摩氏硬度计仅是硬度的一种等级，它只表明硬度的相对大小，不表示其绝对值的高低，绝不能认为金刚石的硬度为滑石的10倍。

在野外工作中，为了迅速而方便地确定矿物的相对硬度，常用下列工具：指甲（硬度约2.5）、小刀（硬度约5.5）、钢锉（硬度6~7）等。

风化、裂隙及杂质的存在，常会降低矿物的硬度，集合体如呈细粒状、土状、粉末状或纤维状，往往很难精确测定其单体的硬度，所以测矿物的硬度时，要尽可能地在颗粒大的单体新鲜面试划。

（3）相对密度　相对密度是指矿物在空气中的质量与4℃时同体积纯水的质量比。精确地测定矿物相对密度需要在实验室专门进行。肉眼鉴定矿物时，可用手来估量，只有当矿物的相对密度有很大差异时，相对密度才能作为鉴定特征。一般用手粗略估量矿物的相对密度，按其大小分3级：相对密度<2.5为轻矿物，如石膏；相对密度2.5~4为中等矿物，如方解石、石英；相对密度>4为重矿物，如重晶石、黄铁矿。

3. 矿物的其他物理性质　矿物的其他物理性质包括矿物的磁性、发光性、弹性、放射性、咸、苦、滑感等。例如，云母具有弹性，萤石具有发光性等。这些性质对于矿物的鉴定具有一定意义。

五、作业

1. 仔细观察表1-1-3中所列矿物的形态及物理性质，并将结果填于表中。

表 1-1-3 常见矿物及其特征

矿物名称	化学成分	形态	颜色	光泽	硬度	解理或断口	其他物理性质	主要鉴定特征
石英								
白云母								
黑云母								
方解石								
纤维状石膏								
板状石膏								
正长石								
条纹长石								
绿辉石								
（普通）角闪石								
橄榄石								
黄铁矿								
高岭石（土）								
斜长石								
白云石晶簇								

2. 何谓原生矿物和次生矿物？以实验中所见到的标本，比较原生矿物（石英、云母、绿辉石、正长石、斜长石等）与次生矿物（如高岭石、蒙脱石、褐铁矿、方解石、石膏等）的形态及物理性质差异。

3. 正长石经风化作用可以变成高岭石，黄铁矿经氧化作用变成褐铁矿，比较正长石与高岭石的不同，黄铁矿与褐铁矿的不同。

4. 区别下列各组矿物

（1）辉石与角闪石　　（2）方解石与白云石

（3）白云母与黑云母　　（4）正长石与斜长石

5. 矿物的颜色、光泽、透明度、条痕等光学性质之间有什么关系？

6. 解理是怎样产生的？如何区别解理面和晶面？

>>>实验二 常见硅酸盐造岩矿物的认识<<<

一、实验目的

进一步熟悉硅酸盐造岩矿物的化学成分、内部构造与矿物的外部形态、物理性质之间的关系，熟悉常见的硅酸盐造岩矿物。

二、实验要求

1. 熟悉硅酸盐造岩矿物结晶构造的类型及特点。

2. 从硅酸盐造岩矿物的内部构造与外部形态的相互联系上掌握硅酸盐造岩矿物〔如辉石、角闪石、云母、长石、石英（这里把石英当成广义的硅酸盐造岩矿物）、橄榄石等〕的鉴定特征。

三、实验内容

1. 预习教材中有关硅酸盐造岩矿物的内容，仔细观察岛状、环状、链状、层状、架状构造硅酸盐造岩矿物特点。

2. 观察橄榄石、辉石、角闪石、黑云母、白云母、正长石、斜长石、石英的外部形态和物理性质，掌握其主要鉴定特征，注意区别性状相似的矿物，如正长石与斜长石，辉石与角闪石，黑云母与白云母等矿物的异同。

四、作业

1. 仔细观察主要的硅酸盐造岩矿物，并掌握其鉴定特征。

2. 试分析本实验所鉴定的硅酸盐造岩矿物的化学成分，内部构造是如何影响其外部形态及物理性质的？

3. 如果给你3块矿物的标本（正长石、石英、斜长石），如何进行鉴定？

实验三　常见非硅酸盐造岩矿物和农用矿物的认识

一、实验目的

认识常见的非硅酸盐造岩矿物及农用矿物，并对它们的用途有所了解。

二、实验要求

1. 掌握常见的非硅酸盐造岩矿物的物理性质和鉴定特征。
2. 熟悉常见农用矿物的物理性质和用途。

三、实验内容

1. 观察常见的非硅酸盐造岩矿物　观察方解石、白云石、石膏、蛋白石、重晶石、自然硫、黄铁矿、黄铜矿、赤铁矿、褐铁矿、磁铁矿、软锰矿、硬锰矿的形态，掌握其主要鉴定特征和物理性质。

2. 认识常见的农用矿石　熟悉磷灰石、钾矿石、沸石、蛭石、雄黄、雌黄等的物理性质和用途。

3. 区别相似矿物的物理性质　区别方解石与白云石，赤铁矿、褐铁矿与磁铁矿，软锰矿与硬锰矿，黄铁矿与黄铜矿等。

四、作业

据实际观察及表 1-1-5 所描述矿物的特征，并填入表 1-1-4。

表 1-1-4　指定矿物的鉴定特征

矿物名称	化学成分	形态	颜色	条痕	光泽	透明度	硬度	解理与断口	其他性质
方解石									
白云石									
磁铁矿									
黄铁矿									
黄铜矿									
重晶石									
蛭石									
铝土矿									
蛋白石									

表 1-1-5　矿物肉眼鉴定检索表（据戈定夷、唐洪明等，略改）

硬度			<2.5			2.5~3.5			>5.5		
结晶程度			显晶质		隐晶质	显晶质		隐晶质	显晶质		隐晶质
光泽	条痕	颜色	解理不明显或无	解理明显		解理不明显或无	解理明显		解理不明显或无	解理明显	
金属光泽	褐色及金属色	锡白					辉铋矿		毒砂		
		银白				自然铂					
		铅灰		辉钼矿		辉铜矿	方铅矿④				
		铁黑		石墨	辉铜矿 软锰矿	晶质铀矿 硼镁铁矿		硬锰矿 沥青铀矿	磁铁矿 钛铁矿		
		钢灰		石墨		黝铜矿					
		金黄	自然金								
		铜黄				黄铜矿 磁黄铁矿			黄铁矿 白铁矿		
		铜红	自然铜								
	棕黄褐色	铁黑				赤铁矿				黑钨矿⑫	
		棕褐		褐铁矿			铁闪锌矿		铬铁矿		
		樱红		赤铁矿		赤铁矿					
		钢灰				镜铁矿					
	各种淡彩色	朱红				辰砂	辰砂				
		深褐				磷钇铌矿	闪锌矿⑤		锡石	金红石	
		橙黄	雄黄	雄黄、雌黄	自然硫	钼酸铅矿	细晶石⑥				
		绿色			孔雀石	孔雀石	孔雀石				
		灰蓝			蓝铜矿	蓝铜矿	蓝铜矿			蓝闪石	
非金属光泽（含半金属、金刚、玻璃光泽）	灰色、白色或无色	紫色					萤石				
		黑色		黑云母			菱锰矿 黑云母		黑电气石	普通辉石 普通闪石	石英、玉髓
		深褐		蛭石					石榴石⑧	榍石⑬	
		棕黄		金云母		独居石	菱铁矿		锆石	黄玉⑭	碧玉
		粉红		锂云母					红柱石⑨	正长石⑮	
		暗绿		绿泥石	海绿石					阳起石⑯	硬玉
		黄绿		铜铀云母	蛇纹石	磷灰石			橄榄石⑰	绿帘石	

（续）

光泽	条痕	颜色	<2.5 显晶质 解理不明显或无	<2.5 显晶质 解理明显	<2.5 隐晶质	2.5~3.5 显晶质 解理不明显或无	2.5~3.5 显晶质 解理明显	2.5~3.5 隐晶质	>5.5 显晶质 解理不明显或无	>5.5 显晶质 解理明显	>5.5 隐晶质
非金属光泽（含半金属、金刚、玻璃光泽）	灰色、白色或无色	浅绿			蒙脱石		萤石		绿柱石	天河石⑰	软玉
		灰蓝		蓝石棉		胆矾	蓝晶石⑱	磷灰石		蓝晶石	
		白色无色	钠硝石、石盐①	白云母、芒硝②	高岭石、伊利石③	文石、白钨矿	方解石、白云石⑦	铝土矿、蛇纹石	茧青石、石英⑪	硅灰石、斜长石⑲	蛋白石、玛瑙

注：①还有钾盐等；②还有石膏、硼砂；③还有埃洛石、海泡石、沸石、蒙脱石、滑石、叶腊石、蛇纹石、温石棉；④还有辉锑矿；⑤还有烧绿石；⑥还有浅色闪锌矿；⑦还有菱镁矿、重晶石、萤石、天青石、硬石膏、菱锌矿；⑧还有锆石、榍石、十字石；⑨还有电气石；⑩还有符山石；⑪还有白榴石、金刚石、刚玉、红柱石、霞石；⑫还有铌钽铁矿；⑬还有紫苏辉石；⑭还有顽火辉石；⑮还有微斜长石；⑯还有霓石；⑰还有透辉石；⑱还有蓝闪石；⑲还有透闪石、锂辉石、硅线石、黄玉。

>>>实验四 主要岩浆岩的认识<<<

根据二氧化硅在岩石中的含量，可将岩浆岩分为以下 4 类：超基性岩类，二氧化硅含量＜45％；基性岩类，二氧化硅含量 45％～53％；中性岩类，二氧化硅含量 53％～66％；酸性岩类，二氧化硅含量＞66％。这 4 类岩浆岩的颜色由深到浅，是鉴定岩石的主要特征之一，详细分类见表 1-1-6。

表 1-1-6 岩浆岩分类简表

岩石类型			超基性岩类	基性岩类	中性岩类		酸性岩类
					中性岩类	中碱性岩类	
二氧化硅的含量			＜45％	45％～53％	53％～66％		＞66％
颜色			深（黑绿、深灰）		浅（红、浅灰、黄）		
石英含量			无	无或很少	＜5％	较少	＞20％
主要矿物			橄榄石 辉 石 ＞90% 角闪石	基性斜长石 辉石	中性斜长石 角闪石	钾长石 角闪石	正长石 酸性斜长石
次要矿物			黑云母	橄榄石 角闪石 黑云母	黑云母 石英		黑云母为主 角闪石为辅
产状	构造	结构					
喷出岩	火山锥	块状、气孔状	玻璃质	少见	浮岩			黑曜岩
喷出岩	熔岩流	致密块状、气孔状、杏仁状、流纹状	隐晶质 斑状	少见	玄武岩	安山岩	粗面岩	流纹岩
侵入岩 浅成岩	岩床 岩盘 岩墙	块状	等粒、斑状	少见	辉绿岩	闪长玢岩	正长斑岩	花岗斑岩
侵入岩 深成岩	岩基 岩株	块状	等粒状	橄榄岩	辉长岩	闪长岩	正长岩	花岗岩

一、实验目的

1. 认识岩浆岩的主要结构和构造，学会辨别岩石中的矿物组分。

2. 学会描述岩浆岩的方法。

3. 掌握常见岩浆岩的典型特征。

4. 掌握岩浆岩的分类依据，学会根据"岩浆岩分类简表"鉴定岩浆岩的方法。

二、实验要求

1. 预习教材中有关岩浆岩的内容。

2. 认真仔细地观察岩浆岩标本，认识主要的岩浆岩。

三、实验内容

（一）岩浆岩的结构

岩浆岩的结构是指岩浆岩中所含矿物的结晶程度、颗粒大小和形状，以及矿物间的相互关系，一般常见的结构有如下几种。

1. 根据岩石的结晶程度划分

（1）全晶质结构　这种结构是指岩石中所有矿物成分均已结晶，如花岗岩。

（2）半晶质结构　岩石中既有矿物晶体，又有玻璃物质，多见于火山岩及部分浅成岩中。

（3）玻璃质结构　岩石全部由玻璃物质组成，主要在喷出岩中，如黑曜岩。此类岩石由于岩浆迅速上升到地表或近地表，温度骤然下降到岩浆平衡温度以下，来不及结晶，往往有玻璃光泽、贝壳状断口，性脆。黑曜岩、浮岩、珍珠岩都是酸性喷出岩，也是硅酸盐，具有玻璃质结构。

玻璃物质在岩石中有不同的颜色，如黑色、砖红色、褐色、灰绿色等，是一种不稳定物质，随着时间推移，它们会逐渐转化为结晶物质，称为脱玻化作用。所以，仅在较新的喷出岩中才有玻璃物质存在。

2. 根据矿物颗粒的绝对大小划分　按矿物颗粒的绝对大小，可把岩浆岩的结构划分为显晶质结构和隐晶质结构。

（1）显晶质结构　岩石中的矿物颗粒，凭肉眼观察或借助于放大镜能分辨出，这种结构称为显晶质结构。根据主要矿物颗粒的平均直径大小，显晶质结构可进一步分为：①粗粒结构，颗粒粒径＞5 mm；②中粒结构，颗粒粒径为2～5 mm；③细粒结构，颗粒粒径为0.2～2 mm；④微粒结构，颗粒粒径＜0.2 mm。

颗粒粒径＞10mm的岩浆岩的结构称为伟晶结构，如伟晶花岗岩（图3-1-84）。

应当注意，岩石中矿物颗粒大小均一的情况比较少见，这里矿物颗粒的绝对大小是指岩石中主要矿物的粒径大小基本相近时的平均值。在标本上进行粒度测量时，需要选择同一种主要矿物来测量，通常以长石作为标准。

（2）隐晶质结构　隐晶质结构指岩石中矿物颗粒很细，肉眼或放大镜不能辨认，只能在显微镜下才能辨认出颗粒的结构。具隐晶质结构的岩石外貌呈致密状，肉眼观察时不容易与玻璃质结构区别，但具隐晶质结构者在显微镜下能辨别矿物个体；玻璃质则没有矿物个体，没有结晶，在显微镜下也观察不到；具隐晶质结构的岩石没有玻璃光泽和贝壳状断口，脆性程度低，有韧性。

一种岩石，可具有粗、中、细3种结构，如粗粒花岗岩、中粒花岗岩、细粒花岗岩；有时一种岩石中矿物颗粒的大小不均匀，具有2种结构的矿物，如中-粗粒结构的黑云母花岗闪长岩。

3. 按矿物颗粒的相对大小划分

（1）等粒结构　等粒结构是指岩石中同种主要矿物的结晶颗粒的大小大致相等，常见于侵入岩中，如花岗岩。

（2）不等粒结构　不等粒结构指岩石中同种主要矿物的结晶颗粒大小不等，但变化是连续的，多见于浅成岩中。

（3）斑状结构和似斑状结构　斑状结构和似斑状结构指一些较大的结晶颗粒分散在较细的物质（隐晶质或玻璃质）中的一种结构，较大结晶颗粒称为斑晶，较细物质称为基质。斑晶和基质之间没有中等大小颗粒，以此与不等粒结构区别。如果基质为显晶质且为细粒以上，称为似斑状结构，斑晶和基质基本上属于同一世代的产物，是在相同或接近的物理化学条件下结晶的；若基质为隐晶质、玻璃质或微粒，则称为斑状结构（图1-1-8），斑晶和基质形成于不同的世代。如似斑状花岗岩为似斑状结构，正长斑岩为斑状结构（图3-1-89）。斑状结构常见于浅成岩和喷出岩，似斑状结构常见于浅成岩和部分深成岩。

4. 按矿物的自形程度划分

（1）自形结构　矿物晶体具有完整的晶面，大多在有足够的空间和时间情况下形成（图1-1-9）。

（2）半自形结构　矿物晶体发育不完整，部分晶面完整，部分晶面不完整，表明在结晶时，很多矿物都在析出，相互干扰，没有自由空间，条件不允许其发育充分（图1-1-9）。

（3）他形结构　矿物晶体无一完整晶面，形状多不规则，是由于晶体生长时已无自由生长的空间而形成的（图1-1-9）。如花岗岩中的石英即为他形结构。

描述岩浆岩的结构时，可先根据所观察到的岩石结晶程度把岩石分为全晶质、半晶质和玻璃质。如果为全晶质，那就观察其颗粒形态，描述为自形、半自形或他形结构，再观察其粒度大小，描述为粗粒、中粒、细粒、隐晶质、玻璃质、等粒、不等粒、斑状或似斑状结构。

5. 按矿物的相互关系划分 根据组成岩石的矿物颗粒的相互关系，划分的结构类型很多，但肉眼能经常看到的有以下2种。

（1）文象结构 岩石中钾长石和石英有规则地交生，形似古代象形文字，称为文象结构（图3-1-85）。文象结构一般是石英和长石同时完全结晶的情况下形成的。

（2）条纹结构 钾长石和斜长石有规律地交生形成的结构，称为条纹结构，具条纹结构的长石为条纹长石。

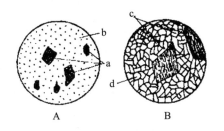

图1-1-8 斑状结构（A）和似斑状结构（B）

a、b. 分别为斑状结构中的斑晶、基质　c、d. 分别为似斑状结构中的斑晶、基质

（引自华南农业大学，1999）

图1-1-9 矿物颗粒外形完整程度

A. 自形结构　B. 半自形结构　C. 他形结构

（引自华南农业大学，1999）

（二）岩浆岩的构造

岩浆岩的构造是指岩石各组成部分的矿物排列方式和充填方式所赋予岩石的外貌特征。常见的岩浆岩构造有以下几种。

1. 块状构造 岩石中的矿物比较均匀分布，块状构造是侵入岩浆岩中最常见的一种构造，如闪长岩。

2. 流纹构造 由于熔岩流动，其中板状、柱状、片状等斑晶矿物作近似平行的排列，玻璃质基质由不同颜色的条纹和拉长的气孔作流纹状的一种构造为流纹构造，如流纹岩（图3-1-83）。

3. 气孔构造和杏仁构造 岩浆溢出地表，由于气体逸出，而在岩石中留下近圆形或椭圆形的气孔，这种构造称为气孔构造（图 3-1-98），如果这些气孔被一些后来的次生矿物所充填，则称为杏仁构造，如杏仁状玄武岩（图 3-1-99）。

4. 枕状构造 在水下溢出的基性熔岩中，常有枕状构造发育，枕体或多或少呈扁椭球体，大小不等地堆在一起。

5. 珍珠构造 珍珠构造主要见于酸性火山玻璃中，由玻璃质冷却收缩形成，特征是形成一系列圆弧形裂开，如珍珠岩。

6. 石泡构造 酸性熔岩的表面由于凝固时气体逸出，体积缩小而产生的具有空腔的多层同心圆球体，称为石泡构造。这种构造在黑曜岩、流纹岩中最常见。

7. 斑杂构造 岩石的不同部位在结构上或矿物成分上有较大差异，如一些区域暗色矿物较多，一些区域较少，使岩石出现斑斑驳驳的外貌，即斑杂构造（图 1-1-10）。形成斑杂构造的原因很多，可由不均一的岩浆分异造成，也可由岩浆对捕虏体或围岩不均匀、不彻底地同化混染作用造成。

8. 带状构造 表现为岩石具有不同结构或不同成分的条带相互交替，彼此平行排列的一种构造（图 1-1-11）称为带状构造。带状构造主要发育在基性、超基性岩中。

0 1 2 cm

图 1-1-10 斑杂构造 　　　　　　图 1-1-11 带状构造

（三）岩浆岩的矿物组分

辨认岩浆岩的矿物组分，首先从颜色入手，颜色深时，则先观察深色矿物，颜色浅时，则先观察浅色矿物。对于深色矿物，很容易区别出黑云母和橄榄石，因为黑云母有明显的片状，橄榄石的颜色和断口明显，而辉石和角闪石较难区别，两者都是深绿色或黑色。一般说来，辉石呈短柱状，而角闪石为长柱状，但通过矿物的共生组合关系可区别它们，若岩石颜色较浅，且能见到一定量的石英，岩石中的绿色或黑色柱状矿物是角闪石；若岩石颜色较深，且很少见到石英，则岩石中的绿色或黑色柱状矿物为辉石。对于浅色矿物，很容易区别出石英和白云母，因为石英具有贝壳状断口，且断口上有明显的油脂光泽，白云母有片状特点；钾长石和斜长石特点相近，可以通过表1-1-7中的鉴定特征加以辨别。

表1-1-7　钾长石与斜长石的肉眼鉴定特征

	钾长石	斜长石
颜色	常为肉红色，有时为浅黄色、灰白色	常为灰白色、灰色，风化色带绿色
形状	厚板状、板柱状	长条状、针条状、宽板状
双晶	晶面或解理面上无密集的聚片双晶纹，但有时可见反光程度不同的两部分（卡氏双晶的两单体）	晶面或解理面上常见密集的聚片双晶纹
两组解理	正长石的解理夹角为90°，钾微斜长石的为89°40′	解理夹角约为86°
次生变化	主要变为高岭石，次要变为绢云母	常变为绢云母，次要变为高岭石，还有的变为绿帘石
共生矿物	产于浅色岩（花岗岩、正长岩等），常与石英、黑云母等共生	产于深色岩（辉长岩、橄榄岩等），常与普通辉石、橄榄石等共生

（四）主要岩浆岩的认识

1. 酸性岩类　花岗岩、流纹岩。

2. 中性岩类　闪长岩、安山岩、正长岩。

3. 基性岩类　玄武岩、辉长岩。

4. 超基性岩类　橄榄岩。

5. 火山碎屑岩　火山角砾岩、凝灰岩。

四、作业

1. 观察表1-1-8中所列岩浆岩的颜色、主要矿物成分、结构和构造，并将这些特征填入表中。

2. 解释岩浆岩的结构、构造，此次实习中见到了哪些结构、构造？

3. 以基性岩类（辉长岩—伊丁玄武岩）和中性岩类（闪长岩—紫色安山岩）为例，说明同类岩浆岩之间，不同类岩浆岩之间的异同。

表 1-1-8 主要岩浆岩及其特征

岩石名称	岩石特征					备注
	颜色	主要矿物成分	结构	构造	岩浆岩类型及其他特征	
花岗岩						
似斑状花岗岩						
文象结构花岗岩						
伟晶花岗岩						
流纹岩						
闪长岩						
黑云母花岗闪长岩						
石英闪长玢岩						
紫色安山岩						
石英正长岩						
辉长岩						
气孔状玄武岩						
杏仁状玄武岩						
伊丁玄武岩						

》》》实验五　主要沉积岩的认识《《《

一、实验目的

1. 认识沉积岩的主要结构、构造特征，以及主要的物质组成。
2. 学会描述沉积岩的方法。
3. 掌握常见沉积岩的典型特征。
4. 识别主要沉积岩的种类。

二、实验要求

1. 课前预习有关沉积岩的内容，并与岩浆岩进行比较。
2. 认真仔细地观察沉积岩标本，掌握沉积岩的主要鉴定特征。

三、实验内容

肉眼观察沉积岩的主要结构、构造和主要物质组成，认识主要的沉积岩。

（一）沉积岩典型结构的认识

沉积岩的结构指组成沉积岩颗粒的性质、大小、形态及其相互关系。主要有以下几种结构。

1. 碎屑结构　碎屑结构是由碎屑颗粒经胶结作用形成的结构。由碎屑颗粒和胶结物两部分组成。碎屑类型有岩石碎屑（岩屑）、矿物碎屑（晶屑）、生物碎屑（生屑）、火山碎屑、内碎屑（如鲕粒、砾屑）。

按碎屑物颗粒的大小，碎屑岩的结构还可细分为：①砾状结构，颗粒直径>2 mm，如砾岩（图3-1-103）。②砂状结构，颗粒直径为0.05～2 mm，如长石砂岩（图3-1-104）。③粉砂状结构，颗粒直径为0.005～0.05 mm，如粉砂岩（图3-1-106）。

按碎屑物颗粒的形状不同可分为：①棱角状（角砾状）结构，颗粒棱角尖锐，没有或极少有磨蚀痕迹，为角砾岩常见的结构。②次棱角状结构，颗粒经过短距离搬运，棱角稍有磨蚀。③次圆状结构，颗粒已经过远距离搬运，尖锐的角和棱已被磨圆。④滚圆状结构，颗粒经长时间搬运，所有的角和棱均被磨圆，接近球状，是砾岩常见的结构。

2. 泥状结构　泥状结构由颗粒粒径<0.005 mm的细小粉土质点所组成，外观是一种致密的、均匀的泥质状态，是黏土岩所具有的结构。

3. 化学结构　化学结构是由纯化学成因所形成的结构，其中有结晶粒状结构、隐晶质结构等，如结晶石灰岩、白云岩。

4. 生物骨架结构 由原地生长的造礁生物的遗体组成岩石的骨架，骨架内有许多大小不同、形状各异的孔隙和空洞，这种结构称为生物骨架结构，是造礁生物形成的礁灰岩所特有的结构。常见的造礁生物有群体珊瑚、海绵、苔藓虫、层孔虫及藻类。

（二）沉积岩典型构造的认识

沉积岩的构造是指沉积岩中各个组成部分的空间分布和排列方式，即沉积岩的整体外貌特征，主要有以下几种。

1. 层理构造 层理是沉积岩岩层内部的成层性，它是岩石的颜色、矿物成分和结构沿垂直于层面方向变化而形成的一种层状构造。层理是沉积岩最典型、最基本的构造，是沉积岩区别于岩浆岩和变质岩的最主要标志。根据层理的形态将层理可分为以下几种。

（1）水平层理 水平层理的层面平直，层与层之间互相平行，这种层理是在沉积环境比较稳定或平静的水体中形成的，多见于河流沉积的较平静的沉积环境中（如牛轭湖、河漫滩），也可见于深水湖海或沼泽等环境中，如砂页岩中的水平层理。

（2）斜层理 斜层理是层理与主要层理面斜交，即有的层理面是倾斜的。斜层理的方向代表了当时水流或风的方向。斜层理多由粗粒物质组成，是河流沉积物的典型特征，常见于湖滨、海滨、三角洲中，砂岩和粉砂岩中尤其常见。

（3）交错层理 交错层理由多组不同方向的斜层理相互交错切割而成。它是在水流或风运动方向频繁变化时形成的。

（4）递变层理 递变层理是同一层内碎屑颗粒粒径向上逐渐变细。它的形成常常是因沉积作用发生在运动的水介质中，其动力由强逐渐减弱。

（5）块状层理 岩层自上层面到下层面物质均匀，没有物质的分异现象，故不显成层性，称为块状层理。它常是一种以沉积物的快速堆积为特征，由沉积物垂向加积作用形成的产物。砾岩、砂岩、粉砂岩甚至泥岩中都可出现块状层理。常见于浊流沉积物、洪积物和冰碛物中。

2. 层面构造 层面构造指沉积岩层面上保留的痕迹，可反映岩石形成时的环境，并可指示岩层顺序。

（1）波痕构造 波痕构造常在砂岩中出现。在沉积物形成过程中，由于风力或波浪的震荡而在沉积物表面上留下的波浪起伏的痕迹，经过成岩作用而在岩层中保留下来，这种构造称为波痕构造。波痕的延长方向一般垂直于介质运动方向。流水波痕陡，倾向指向水流方向；浪成波痕多对称，不对称者一般峰尖谷圆；风成波痕不对称，一般峰和谷都圆滑。

（2）干裂构造 泥质和粉砂质沉积物露出水面，因干燥失水，使表面发生收缩和裂开，形成不规则的多角形裂缝称为干裂（泥裂），但这些裂缝常被后来物质充填。干裂是一种浅水环境标志。

3. 结核构造 沉积岩中某种成分的物质聚积而成的团块，称为结核构造。它常为球形、椭球形、透镜状等。石灰岩中常见的燧石结核主要是二氧化硅在沉积物沉积的同时以胶体凝聚方式形成的，部分燧石结核是在固结过程中由沉积物中的二氧化硅自行聚积而形成的。

4. 刀砍状构造 刀砍状构造常在白云岩中出现，是白云岩的重要识别标志。由于在岩石表面方解石较白云石易于溶解，在岩石中被方解石充填的细小裂缝，经差异风化，方解石被溶解掉，在风化面呈现的裂纹构造，似刀砍状，称为刀砍状构造（图 3-1-115）。

5. 缝合线 缝合线特征是在垂直层面的切面上有呈头盖骨接缝样子的锯齿状裂缝。规模较大的缝合线代表沉积作用的短暂停顿或间断，规模较小的缝合线是沉积物固结过程中在上覆沉积物的压力下，由富含二氧化碳的淤泥水沿层面循环时溶解两侧物质所致。缝合线最常见于碳酸盐岩中，但也可出现于砂岩、硅质岩和盐岩中。缝合线和缝合面上聚集的黏土物质和铁质是压溶后留下的不溶残余物。

6. 生物成因构造 由于生物的生命活动，在沉积物中形成的构造，如叠层构造（图 3-1-120），是由蓝绿藻类分泌的黏液捕获黏砂、粉砂、泥级颗粒或晶体组成的一种纹层构造。由于生物在沉积岩的形成过程中起了很大作用，因此沉积岩中可见大量的生物组分，化石只存在于沉积岩中。部分化石照片见第三部分，其他扫码可见。

（三）碎屑岩胶结形式和胶结物的认识

本实习主要观察砾岩、角砾岩、砂岩的胶结形式和胶结物。砾岩和角砾岩，通常以砂或泥质为其基质，胶结物可为铁质（$Fe_2O_3 \cdot nH_2O$）、钙质（$CaCO_3$）、硅质（$SiO_2 \cdot nH_2O$）等。砂岩的碎屑颗粒主要为砂粒，含量＞50%，胶结物常见为硅质、钙质、铁质，有时还有海绿石、石膏等。

（四）常见沉积岩的肉眼观察

根据沉积岩的物质来源、成岩方式和岩石结构，把沉积岩分为 3 个亚类：①泥质岩类，包括页岩、泥岩等。②碎屑岩类，包括砾岩、砂岩、粉砂岩等。③化学岩及生物化学岩类，包括石灰岩、白云岩、泥灰岩、介壳石灰岩等。其中泥质岩和碎屑岩又称为陆源沉积岩，化学岩及生物化学岩又称为内源沉积岩。

注意，沉积岩的颜色是沉积岩命名的依据之一，如黑色页岩、紫色砂岩等；沉积岩的颜色大多数是均匀的，也有呈均匀的斑状，要分别说明。观察碎屑岩类岩石时，要仔细观察碎屑颗粒大小和形状，要说明碎屑物质和胶结物质的成分。

四、作业

1. 观察表1-1-9中沉积岩标本的颜色、结构、构造和主要物质成分，并将岩性特征填入表中。

2. 如何区别石灰岩、白云岩、砂岩？

3. 与岩浆岩相比，在沉积岩标本中，所见沉积岩的典型特征是什么？举例说明。

表1-1-9　主要沉积岩及其特征

岩石名称	岩石特征					备注
	颜色	主要物质成分	结构	构造	沉积岩类型	
页岩（含狼鳍鱼化石）						
碳质页岩						
高岭石黏土岩						
粗砂岩						
硅质石英砂岩						
长石砂岩						
紫色砂岩						
粉砂岩						
砾岩						
竹叶状石灰岩						
泥灰岩						
珊瑚灰岩						
介壳灰岩						
刀砍状白云岩						

>>>实验六 主要变质岩的认识<<<

一、实验目的

1. 认识变质岩的主要结构、构造特征，以及常见的变质矿物。
2. 学会描述变质岩的方法。
3. 掌握变质岩的典型特征，认识主要的变质岩。

二、实验要求

预习有关变质岩的内容，仔细观察变质岩的典型特征。

三、实验内容

肉眼观察变质岩的主要结构、构造和矿物成分，认识主要的变质岩。

（一）变质岩典型结构的认识

1. 变晶结构　变晶结构是原岩发生重结晶而形成的结构，其表现为矿物形成、长大而且晶粒相互紧密嵌合，包括隐晶变晶结构、显晶变晶结构、等粒变晶结构和斑状变晶结构等，如大理岩。

变质岩结构中粒度的划分：颗粒粒径＞3 mm者为粗粒变晶结构，粒径1～3 mm者为中粒变晶结构，粒径0.1～1 mm者为细粒变晶结构，粒径＜0.1 mm者为显微变晶结构。

2. 变余结构　变质程度较浅时残留的原岩的结构，称为变余结构，如变余砂状结构、变余花岗结构等。

3. 碎裂结构　碎裂结构是局部岩石在定向压力作用下，引起矿物及岩石本身发生弯曲和破碎，之后又被黏结起来形成新的结构，具有碎裂结构的岩石称为碎裂岩。若岩石发生强烈破碎塑变作用则形成糜棱岩，具有糜棱结构，一般分布在逆断层附近。

（二）变质岩典型构造的认识

1. 定向构造　定向构造是变质岩受定向压力作用后形成的构造，是变质岩的最大特点，称为广义的片理构造，这是大部分变质岩命名的根据。根据变质程度由浅入深表现为以下几种构造。

（1）板状构造　板状构造是变质岩变质最浅的一种构造，岩石外观呈平整的板状，沿板面方向容易劈开，具板状构造的岩石，称为板岩（图3-1-137）。

（2）千枚状构造　千枚状构造岩石呈薄片状，薄片上具丝绢光泽，系隐晶质片状或柱状矿物，具定向排列所致。断面呈参差不齐的皱纹状，具有这种构造的岩石称为千枚岩。

（3）片状构造　片状构造是变质岩中最典型的构造，是片岩所具有的一种构造（图3-1-133）。

（4）片麻状构造　片麻状构造中矿物结晶颗粒较大，同时粒状矿物较多，其中粒状矿物和片状或柱状矿物大致相间成带状平行排列，形成不同颜色、不同宽窄的断断续续的条带，沿平行面难劈开，劈开面不整齐，如花岗片麻岩（图3-1-132）等。

（5）条带构造　条带构造岩石中成分、颜色或粒度不同的矿物分别集中，形成平行相间的条带。

2. 块状构造　块状构造为热接触变质岩所特有的构造。其定义与岩浆岩相同，都是指岩石中结晶的矿物无定向排列的性质，成致密块体，如石英岩（图3-1-129）、大理岩（图3-1-128）。

（三）肉眼综合观察典型的变质岩

肉眼观察板岩、千枚岩、片岩、片麻岩、大理岩、石英岩。

四、作业

1. 观察表1-1-10中变质岩标本的颜色、结构、构造和主要矿物成分，并填表。

2. 如何区别花岗岩与花岗片麻岩、硅质石英砂岩与石英岩？

表1-1-10　主要变质岩及其特征

岩石名称	岩石特征					备注
	颜色	主要矿物成分	结构	构造	变质岩类型	
板岩						
千枚岩						
白云母石英片岩						
绿泥石片岩						
十字石石榴石云母片岩						
花岗片麻岩						
花岗片麻岩（黄色）						
石英岩						
大理岩						

>>>实验七　矿物及岩石的综合观察<<<

一、实验目的

对矿物和三大类岩石的特征进行对比总结，以便巩固加深印象。

二、实验要求

1. 预习课堂讲授的有关矿物、岩石的内容。

2. 总结矿物、岩浆岩、沉积岩和变质岩的主要特征，并能区别矿物和岩石。

三、实验内容

（一）矿物的特征

矿物是天然形成的单质或化合物，具有相对固定的化学成分，绝大多数为晶质固态的无机物，在一定的物理化学条件下稳定。矿物的化学成分和内部构造决定矿物的本质，并从一定的外部性状表现出来，即通过矿物的形态特征和物理性质表现出来。

矿物的形态包括矿物的单体形态、双晶和集合体形态。隐晶质及胶态矿物集合体形态常以其外形为依据，如肾状赤铁矿、鲕状赤铁矿等；结晶质矿物集合体的形态以矿物单体形态为基础，其形态分别表现为针状、柱状、片状、板状、粒状集合体，即集合体形态为纤维状或放射状、板状或鳞片状、粒状，如菊花石、板状石膏等。

矿物的物理性质主要包括光学性质中的颜色、条痕、光泽、透明度等，力学性质中的解理与断口、硬度、相对密度等，以及其他一些物理性质如发光性、磁性、放射性等。

矿物可通过其形态和物理性质来鉴别。

（二）三大类岩石的主要特点

虽然三大类岩石具有不同的形成环境和条件，但他们仍有一些共同的特征。

第一，三大类岩石都是经过一定的地质作用后形成的固态物质，他们都是由矿物组成的集合体，并且都具有一定的颜色、结构、构造和变化规律；第二，三大类岩石中都含有一些抗风化能力强的矿物，如石英、长石、白云母；第三，三大类岩石在一定条件下发生风化，都可能成为形成土壤的母质。

三大类岩石的形成环境和条件随着地质作用的发生而变化，他们可以相互转化，其主要区别见表 1-1-11。

表 1-1-11　三大类岩石特征比较

特点		岩 类		
		岩 浆 岩	沉 积 岩	变 质 岩
分布情况	按质量	岩浆岩和变质岩：95%	5%	
	按出露面积	岩浆岩和变质岩：25%	75%	
	最多的岩石	花岗石、玄武岩、安山岩、流纹岩	页岩、砂岩、石灰岩	片麻岩、片岩、千枚岩、大理岩等
产　状		侵入岩：岩基、岩株、岩盘、岩床、岩墙等 喷出岩：熔岩被、熔岩	层状产出	多随原岩产状而定
结　构		大部分为结晶的岩石，如粒状、似斑状、斑状等，部分为隐晶质、玻璃质	碎屑结构，如砾、砂、粉、砂质结构，以及泥质结构、化学结构（微小的或明显的结晶粒状、鲕状、致密状）	重结晶岩石，如粒状、斑状、鳞片状等各种变晶结构
构　造		侵入岩多为块状构造；喷出岩常具气孔、杏仁、流纹等构造	各种层理构造，如水平层理、斜层理、交错层理，常含生物化石	大部分具片理构造，如片麻状、条带状、片状、千枚状、板状，部分为块状构造（大理岩、石英岩等）
矿物成分		石英、长石、橄榄石、辉石、角闪石、云母等	石英、长石，富含黏土矿物、方解石、白云石、有机质等	石英、长石、云母、角闪石、辉石等，常含变质矿物，如石榴石、滑石、红柱石、硅灰石、透闪石、十字石等
形成作用		岩浆作用	外力地质作用	变质作用
岩石分类		按 SiO_2 含量分类，超基性岩 $SiO_2 < 45\%$；基性岩 SiO_2 为 $45\% \sim 53\%$；中性岩 SiO_2 为 $53\% \sim 66\%$；酸性岩 $SiO_2 > 66\%$	按岩石的物质来源分类，包括外源沉积岩和内源沉积岩（化学岩及生物化学岩）	按变质作用类型分类，主要分为接触变质岩、区域变质岩、混合岩、动力变质岩

四、作业

1. 举例说明岩石与矿物的区别。实际中如何区别岩石和矿物?

2. 理论上比较三大类岩石的相同点与不同点。

3. 酸性、中性、基性岩浆岩的矿物成分有何不同?

4. 试从深成岩、浅成岩、喷出岩的不同结构、构造,说明为什么岩浆岩的结构、构造特征是其生成环境的综合反映?

5. 如何区别解理、层理和片理?

■ II矿物、岩石及土壤微形态的观察

>>>实验八　矿物、岩石及土壤微形态的观察<<<

一、实验目的

1. 认识偏光显微镜的基本结构和常见岩石的薄片特征。
2. 通过观察岩石的微观特点掌握主要岩石的岩性特征。
3. 了解土壤微形态的基本知识。

二、实验要求

认识常见造岩矿物及岩石的微形态特征，了解土壤微形态的基本知识。

三、实验内容

（一）偏光显微镜及其镜下主要晶体的光学性质

根据光波振动的特点，光可分为自然光和偏光。自然光是指直接由光源发出的光，如太阳光、灯光等，自然光的光波振动方向在垂直于光波传播方向的平面内，做任何方向等振幅的振动。偏光是指自然光经过反射、折射、双折射或选择性吸收等作用后，可以转变为只在一个方向上振动的光波，也称偏振光（图 1-2-1）。

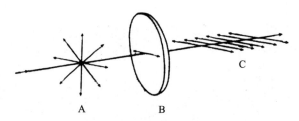

图 1-2-1　通过偏光片的自然光

A. 自然光　B. 偏光片　C. 偏光

偏光显微镜是用以鉴定矿物和岩石的最基本的工具，熟悉显微镜的构造和熟练掌握显微镜的使用方法，是地质工作者和土壤微形态工作者所必须掌握的基本技能。偏光显微镜与生物显微镜外表极其相似，但它们的基本原理和内部构造有很大的不同。生物显微镜使用的是自然光，而偏光显微镜使用的是偏光。因此偏光显微镜具有一般显微镜所不具有的偏光系统，在构造上主要装备有 2 个偏光镜，下偏光镜和上偏光镜。在有些文献中，下偏光镜又称为起偏

器，上偏光镜又称为分析镜，将自然光转化为偏光，主要就是依靠这2个偏光镜。另外，偏光显微镜还配有锥光镜、勃氏镜、补色器等配合偏光使用的特殊附件。偏光处理最早是使用天然矿物冰洲石，后来又使用偏光玻璃。偏光玻璃又可以分为2种类型，一种称为微晶型，用赫拉帕斯石制造，它是一种高分子化合物，主要成分为碘硫酸奎宁，是一种斜方晶系的板状结晶，晶体细小。另一种称为分子型，用聚乙烯醇塑料薄膜制造，它的分子结构成刷状，制造时使其垂直定向排列。目前世界上用偏光玻璃较多，因为它加工制作容易，可以大批生产。但比起冰洲石，它们具有怕热、怕潮、怕震动等缺点。

1. 偏光显微镜的构造　第一台偏光显微镜是英国的物理学家和地质学家尼科尔于1828年发明。虽然偏光显微镜的型号很多，但其基本构造相似。下面以 Leica DM2500P 透反两用偏光显微镜为例介绍偏光显微镜的基本构造（图1-2-2）。

图1-2-2　Leica DM2500P 透反两用偏光显微镜基本构造

1. 灯室　2. 粗调和细调螺旋　3. 亮度控制　4. 聚光器高度调节　5. 视野光圈调节
6. On/Off 开关　7. 视野光圈　8. 用于 X/Y 方向架台移动的共轴齿轮　9. 孔径光圈
10. 聚光器盘　11. 聚光器　12. 带有样本底座的样本台　13. 带有物镜的物镜转换盘
14. 检板　15. 镜筒　16. 目镜镜筒　17. 目镜　18. 分析器

2. 岩石玻片磨制方法简介　在偏光显微镜下研究和鉴定岩石或透明矿物，需要将其磨制成玻片才能进行观察。磨制玻片分 5 个步骤进行，即：切、磨、粘、磨、盖。首先用切片机将透明矿物或岩石切成一小块，用金刚砂将小块的一面磨平，将平面用树胶与载玻片（长 55 mm、宽 25 mm、厚 1 mm）粘在一起，然后再磨另一面，一直磨到厚 0.03 mm 为止，最后将平面与盖玻片（长 20 mm、宽 20 mm、厚 0.1～0.2 mm）粘在一起（图 1-2-3）。这样，载玻片、矿片和盖玻片就组成可供偏光显微镜观察和鉴定的玻片了。树胶的折射率为 1.54。

图 1-2-3　普通岩石玻片结构

（引自唐洪明，2014）

（二）偏光显微镜下的主要晶体光学性质

1. 单偏光镜下的主要晶体光学性质　上偏光镜、锥光镜、勃氏镜三者皆可推出或推入。三者推出，为单偏光系统。单偏光镜的装置是指只用一个下偏光镜（图 1-2-4）。利用这种装置可以研究矿物的外表特征，如形态、解理；矿物对光波吸收强弱的性质，如颜色、多色性等；以及与矿物折射率相对大小有关的光学性质，如突起、糙面、轮廓（边缘）、贝克线等。

（1）矿物的形态　矿物晶体的形态，取决于它的晶体结构和生成条件。每种矿物都按其结晶习性生长，并形成固有的形态，因而形态就成为鉴定矿物的一种特征。常见的矿物形态有粒状、板状、片状、鳞片状、柱状、针状、纤维状、放射状等。

但是，玻片中矿物的形态并不是完整的，也不是立体的，而是某一方向的切面。同一晶体由于切片方向的不同，可以呈现出不同的形态（图 1-2-5）。因此当鉴定一种矿物时，必须综合观察各方向切面的形态，才能正确得出该矿物的形态特征。另外，矿物形态还与它形成的空间、结晶顺序有关系。早形成的为自形，矿物边界全为晶面，切面呈边界平直的多边形；晚形成的为他形，矿物边界无完整晶面，切面形态为不规则的粒状；介于两者之间的为半自形，矿物边界部分为晶面，切面形态部分边界平直，另一部分边界呈不规则状（图 1-2-6）。

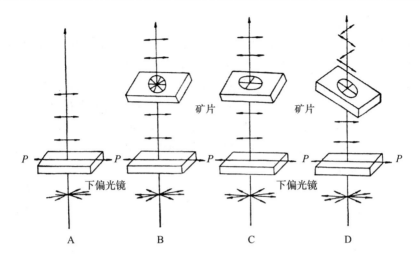

图 1-2-4　单偏光镜的装置及光波通过下偏光镜及矿片的情况

A. 自然光通过下偏光镜后光线变为只剩下振动方向平行 PP 的偏光　B. 高级晶族和一切非晶质体矿物切片在单偏光下由于各方向折射率相等，切片的光率体为一圆形，视野全亮　C. 中级晶族矿物切片在单偏光下，由于在垂直 c 轴的水平方向上光学性质是均一的即折射率是相等的，其光率体是一个以 c 轴为旋转轴的旋转椭球体　D. 低级晶族矿物切片在单偏光下，由于晶体在三维空间不同方向的光学性质是不均一的，其光率体是一个三轴椭球体

图 1-2-5　矿物晶体与切片方位的关系

图 1-2-6　矿物的自形程度

A. 自形　B. 半自形　C. 他形

图 1-2-7　解理完善程度

A. 极完全解理　B. 完全解理　C. 不完全解理

（2）矿物的解理

①解理的概念：矿物受力后沿一定结晶方向裂开成光滑面的性质称为解理。解理在岩石玻片中表现为一些相互平行的细缝，称为解理缝。由于磨片过程中受张力影响，形成一些细小裂缝，以后又用树胶黏合，因此解理缝中充满了树胶，矿片与树胶折射率之间存在不同程度的差异，透射光在界面上发生折射、反射等光线的集散现象，使解理缝得以显现出来。二者折射率差异越大，解理缝越明显。解理缝的缝与缝的间距大致相等，如黑云母。如果缝是弯曲的，则应称为裂纹，如石榴石。

②解理的等级：在单偏光镜下解理的等级按其完善程度可分为 3 级。

Ⅰ.极完全解理：解理缝细、密、长，贯穿整个晶体，如云母的解理（图 1-2-7A）。

Ⅱ.完全解理：解理缝清楚、稀疏，但不完全连贯，如辉石、角闪石的柱面解理（图 1-2-7B）。

Ⅲ.不完全解理：解理缝断断续续，解理缝不平直，解理缝间距较宽，如磷灰石的解理（图 1-2-7C）。

③解理的可见性：玻片中矿物解理的可见性与解理的完善程度并不都是一致的，解理的可见性主要受切片方向和矿物折射率、树胶折射率的差值 2 个因素的影响。

同一矿物不同方向的切片，所显现的解理的组数，解理缝的宽窄、清晰程度和完善程度都不相同。如角闪石类矿物，虽具 2 组解理，但在矿片中，有些切面只见 1 组解理缝，有些切面上看不见解理缝，只有垂直 c 轴或近于垂直 c 轴的切面才可见到 2 组解理缝。又如当黑云母切片垂直解理面方向时，玻片中矿物的解理缝最细最清楚；当切片平行解理面时则看不见解理缝。

解理的可见临界角与矿物和树胶折射率之间的差值有关，差值愈大，解理可见临界角也愈大，差值愈小，解理可见临界角愈小。对于折射率大于树胶的矿物，有如下的近似解理可见临界角：十字石，绿帘石等，N 为 1.70，α 达 40°（N 为矿物的折射率，α 为解理可见临界角）；黑云母、红柱石、角闪石、辉石、贵橄榄石等，N 为 1.60~1.70，α 为 25°~35°；中基性斜长石、方柱石等，N 为 1.55~1.60，α 为 15°~25°。对于折射率小于树胶的矿物有类似的情况，如：钾长石 N 为 1.51~1.53，α 约为 15°；萤石 N 为 1.434，α 约为 25°。

从而可知，不同的矿物，由于折射率不同，使得解理缝可见临界角大小也不同，导致在矿片中能见到解理缝的机会也就不一样。例如辉石类和长石类矿物都具 2 组解理，由于辉石类矿物的解理缝可见临界角大于长石类矿物的解理缝可见临界角，因此，在岩石薄片中辉石类矿物见到的解理缝较多，而长石类见到的解理缝较少。

综上所述，在玻片中观察矿物的解理时，必须考虑多方面的因素，并且要多观察一些矿物颗粒，根据不同方向上解理的表现情况进行综合分析，才能正确地判断解理的有无、组数以及完善程度，得出可信的结论。

解理角是指 2 组解理面的夹角，在玻片中为 2 组解理缝的夹角。解理角的测定（以普通角闪石为例）：选取垂直于 2 组解理的合适切面，此时 2 组解理近于垂直相交，2 组解理缝都很细且很清晰，移至十字丝中心。转动载物台，使某 1 组解理缝平行（或重合）于目镜的南北纵丝，并记下载物台上的读数值。再转动载物台（方向不论），使另 1 组解理缝平行（或重合）于目镜的南北纵丝，记下载物台上的读数值。2 次读数值相减，即可得该矿物切面的解理角值。若同一个颗粒，进行几次解理角的测量，取其平均值作为此矿物颗粒的解理角值。同种矿物中，多寻找一些合适的颗粒，测其解理角，求各颗粒解理角的平均值，作为该矿物的解理角值。

（3）矿物的颜色、多色性、吸收性　由于制备的玻片厚度只有 0.03 mm，因此晶体的切片颜色总比标本颜色浅，如橄榄石的标本为橄榄绿色，在镜下为无色透明。有些标本看起来似乎是不透明的矿物，如辉石、角闪石等，但在镜下亦为透明矿物。矿物的颜色主要是矿物对各种颜色光波的不同吸收所表现出的互补色。

均质矿物因各方向上的光学性质相同，不具多色性和吸收性。有多色性的矿物都是非均质体。非均质矿物由于光线入射后能分解成 2 束振动方向相互垂直的偏光。光在晶体中各振动方向上折射率不同，相应地在晶体不同方位上出现不同的颜色和颜色浓度的变化。因此，在单偏光镜下转动载物台时，矿物颜色发生变化的现象，称为多色性。非均质矿物的多色性与主折射率有关。晶轴是用来确定晶面和晶棱在晶体上的方向而人为选择的 3 根或 4 根坐标轴。选择晶轴时必须考虑晶体所固有的特点，应使之平行于晶体的对称轴（或倒转轴）、对称面法线或适当的晶棱方向。其中 c 轴永远置于直立方向，上正下负。一轴晶矿物具有对应于 Ne 和 No 振动方向的 2 种颜色，二轴晶矿物具有对应于 Ng、Nm 和 Np 振动方向的 3 种颜色。同时，不同的振动方向，光被吸收的程度也不同，强烈吸收时，矿物即呈现不透明，吸收弱时，矿物就呈现透明，矿物的颜色因而表现出浓淡的变化，矿物的这种性质称为吸收性。这里说到的一轴晶是指中级晶族矿物，这类矿物只有一个光轴，即光波只有一个沿 c 轴入射的特殊方向不发生双折射。2 个互相垂直的光学主轴即 Ne 和 No 轴，其长度代表主折射率的大小，一个是垂直 c 轴振动的光波，其折射率为不变化的常数，这个常数称为"常光"（o光），其折射率用 No 表示，另一个是平行 c 轴振动的光波，称为"非常光"（e光），其折射率用 Ne 表示；二轴晶是指低级晶族矿物，均有 2 个光轴，这类矿物晶体的 3 个结晶轴单位不相等。3 个互相垂直的光率体轴代表二轴晶矿物的 3 个光学主轴，即 Ng 轴、Nm 轴、Np 轴，它们的长度分别代表大、中、小 3 个主折射率。

矿物的多色性和吸收性，在不同的切片方位上有不同的表现。在一轴晶平行光轴面的切面或二轴晶平行光轴面的切面上，矿物的多色性和吸收性最明显（一轴晶为 $No—Ne$ 面，二轴晶为 $Ng—Np$ 面）。而在它们垂直光轴的切面上，矿物不具有多色性和吸收性（$No—No$、$Nm—Nm$），在其他斜交光轴的切面上，它们表现出中间变化。矿物的多色性和吸收性，并不是十分固定的（基本固定）。这主要是与矿物的化学成分及形成条件有关。特别是在硅酸盐矿物中有广泛的类质同象。影响矿物光学性质的因素是多方面的，例如矿物中 OH^- 的出现会影响铁的呈色作用，黑云母、普通角闪石都含铁，但黑云母和普通角闪石由于含有 OH^-，就呈现较清楚的颜色，而普通辉石不含 OH^-，基本上无色。黑云母在喷出岩中的斑点一般呈褐色，而侵入岩中特别是结晶片岩中的黑云母往往带绿色。普通角闪石在玻片中亦可见到褐色和绿色 2 种主要颜色，这与它所含的 Fe^{2+} 和 Fe^{3+} 的相对含量有关，Fe^{2+} 转化为 Fe^{3+} 时角闪石的颜色即由绿色改变为褐色。由于颜色的改变，其多色性和吸收性也会发生改变。

（4）玻片中矿物的轮廓、糙面、突起、贝克线　每种矿物都有其固定的折射率。由于矿物与矿物、矿物与树胶折射率不同，便产生了轮廓（边缘）、糙面、突起、贝克线诸现象。两介质之间处产生黑暗的边缘称为轮廓，即围绕矿物所形成的黑线带，它可以简单地认为是光线在通过不同介质时发生折射和反射造成的。糙面是矿物表面对人的视觉产生的一种现象，即在镜下反映到人眼中的矿物表面粗糙情况的视力感觉。这是由于树胶覆盖在高低不平的矿物表面，光线通过它们时发生了折射，使光线产生了不均匀分布，呈现出粗糙感。突起是指单偏光镜下所产生的矿物或高或低的视觉，有些矿物看起来凹下去，而有些矿物却凸起来，形成视觉上的高低不平。记住以下规律：矿物的折射率与树胶的折射率相差愈大，则矿物的轮廓、糙面、突起愈显著。因此，根据矿物的轮廓、糙面和突起的程度，可以粗略地估计矿物的折射率。我们通常把突起分为 6 个等级（表 1-2-1，图 1-2-8）。突起的正负是以矿物的折射率大于还是小于树胶的折射率来划分的。矿物是正突起还是负突起，即矿物的折射率大于树胶还是小于树胶，就需要观察矿物的另一种光学现象——贝克线。

表 1-2-1 突起等级

突起等级	折射率	边缘、糙面及贝克线移动	代表矿物
负高突起	1.41～1.48	糙面及边缘显著，提升镜筒，贝克线移向树胶	萤石、蛋白石等
负低突起	1.48～1.54	表面光滑，边缘不明显，提升镜筒，贝克线移向树胶	正长石、微斜长石、白榴石等
正低突起	1.54～1.60	边缘很不清楚，表面光滑，提升镜筒，贝克线移向矿物	石英、中长石、云母等
正中突起	1.60～1.66	边缘清楚，略有糙面，提升镜筒，贝克线移向矿物	透闪石、磷灰石、电气石等
正高突起	1.66～1.78	边缘明显，糙面显著，提升镜筒，贝克线移向矿物	橄榄石、普通辉石、尖晶石等
正极高突起	>1.78	边缘很宽，糙面很明显，提升镜筒，贝克线移向矿物	石榴石、榍石、锆石等

负高突起　　负低突起　　正低突起　　正中突起　　正高突起　　正极高突起
（萤石）　　（正长石）　（石英）　　（磷灰石）　（普通辉石）　（锆石）

图 1-2-8 突起等级

（引自唐洪明，2014）

　　首先找到矿物与树胶接界之处，将光圈缩小，使入射光减少发散，视域照明变暗在介质邻接处会出现一条较明亮的光带，此即贝克线。这条光线也是由于光在经过不同介质时发生折射和反射造成的。贝克线的移动规律是：徐徐转动粗调螺旋（低倍镜时）或微调螺旋（高倍镜时），使镜筒上移。如果贝克线向矿物移动，表示矿物的折射率大于树胶，为正突起。如果相反，则表示矿物的折射率较树胶小，为负突起。在集合体中，矿物与矿物的折射率亦可相互比较。如果其中一种矿物的折射率已知，另一种矿物折射率则不难估计。

　　轮廓和贝克线的产生原因主要是由于相邻两物质折射率不等，光波通过两者的接触界面时，发生折射、全反射作用。根据折射定律可知：光线由光疏介质射入光密介质，产生折射，折射角小于入射角，折射线靠近法线。光线由光密介质射入光疏介质，产生折射，折射角大于入射角，折射线远离法线。光线由光密介质射入光疏介质，如果入射角增至一定角度，使折射角等于 90°，这个入射角称为临界角，大于临界角发生全反射（图 1-2-9）。

以上 3 点结论，对解释单偏光镜下矿物的轮廓、糙面、突起、贝克线等的成因都是非常重要的。

图 1-2-9　全反射和临界角

i. 入射角　γ. 反射角　*Φ.* 临界角

2. 正交偏光镜下的主要晶体光学性质

（1）正交偏光镜的装置和特点　在下偏光镜的基础上，推入上偏光镜，且上偏光镜、下偏光镜的振动方向互相垂直，并分别平行于目镜十字丝的方向（图 1-2-10）。*PP* 代表下偏光镜的振动方向，*AA* 代表上偏光镜的振动方向。

在正交偏光镜装置下，可以观察矿物晶体的消光、消光位和消光类型，测定消光角的大小，观察矿物的干涉色并测定干涉色的级序，观察双晶等。

（2）消光和消光类型　透明矿物玻片，在正交偏光镜下呈黑暗的现象，称为消光；消光时的位置，称为消光位。

①矿物的 3 种消光现象

Ⅰ. 全消光：均质体和非均质体垂直光轴的切片，在正交偏光镜下，旋转载物台 360°，视域始终保持黑暗的现象称为全消光。因为这 2 种矿物的光率体切面均为圆切面，光通过时不发生双折射并保持与下偏光镜（*PP*）的振动方向一致。当沿下偏光镜（*PP*）的振动方向的偏光到达上偏光镜时，因与上偏光镜的振动方向（*AA*）垂直而无法通过，因此视域呈黑暗现象（图 1-2-11A）。

Ⅱ.4 次消光：非均质体除垂直光轴以外的任何切片，在正交偏光镜下旋转载物台 360°时，有 4 次黑暗 4 次明亮的现象，黑暗时即为消光。产生 4 次消

图1-2-10　正交偏光镜的装置
及光学特点

图1-2-11　矿片在正交偏光镜
下的消光现象

光的原因，是因为这种切面的光率体为椭圆，当平行 PP 方向的偏光射入矿片时，如果矿片光率体椭圆切面的长半径、短半径与上偏光镜、下偏光镜的振动方向 PP 一致时（图1-2-11B），光波可顺利通过而不改变原来的振动方向，但到达上偏光镜时，因与上偏光镜振动方向垂直而透不过去，产生消光。当转动载物台360°时，矿片的光率体椭圆半径与上偏光镜、下偏光镜振动方向 PP 有4次平行的机会，故出现4次消光。偏离消光位置，来自下偏光镜的偏光进入矿片后发生双折射所形成的2种偏光的振动方向与 AA 斜交，一部分透出上偏光镜，视域变亮。因此，旋转物台360°，非均质体的斜交光轴切面会出现4次明亮4次黑暗的现象。

　　综上所述可知，正交偏光镜下矿物的消光与干涉原理，是指矿片上光率体椭圆半径与上偏光镜、下偏光镜振动方向（AA、PP）一致时则消光，视域黑暗，矿片上光率体椭圆半径与上偏光镜、下偏光镜振动方向（AA、PP）斜交时，则发生干涉作用，视域明亮。

　　Ⅲ. 不消光：非均质体矿物的集合体，如多晶质的翡翠、软玉、玛瑙等。它们在正交偏光镜下有的矿物颗粒的光率体椭圆半径与（PP，AA）一致，而大部分矿物颗粒的光率体椭圆半径与（PP，AA）斜交，因此视域明亮而不消光。宝石检测用的偏光仪就是应用消光、干涉原理制造的。现举例用偏光仪观察来区别均质体、非均质体及集合体。

②矿物的3种消光类型：根据矿物消光时，矿物的解理缝、双晶缝及晶面迹线与目镜十字丝的关系可划分成3种消光类型（图1-2-12）。

平行消光　　　　　　　斜消光　　　　　　　对称消光

图1-2-12　消光类型

Ⅰ. 平行消光：矿片消光时，解理缝、双晶缝或晶面迹线与目镜十字丝之一平行。

Ⅱ. 斜消光：矿片消光时，解理缝、双晶缝或晶面迹线与目镜十字丝斜交。晶体在消光位时，光率体椭圆半径与解理缝、双晶缝或晶面迹线之间的夹角称为消光角。

Ⅲ. 对称消光：矿片消光时，目镜十字丝平行2组解理缝或2条晶面迹线夹角的平分线。矿物消光类型与矿物的光性方位及切面方向有密切关系。不同晶系的矿物，不同方向切面具有不同的消光类型。

（3）干涉色和双折射率

①光波的相干性：波长相同、相差恒定、传播方向相近的2束或2束以上的光在同一介质中相遇时，在重叠区相互作用产生相长增强或相消减弱的明暗相间干涉条纹的现象，称为光的干涉作用，产生干涉作用的光波称为相干波。

振动方向一致、频率相同的2束相干波（光波1与光波2）相遇，光波1的波峰、波谷与光波2的波峰、波谷同方向重叠，2束光发生干涉，其结果是产生的干涉波具有双倍的振幅，该过程称为相长增强，光的亮度因而加强；当光波1的波谷、波峰与光波2的波峰、波谷重叠时，则其振幅减弱或抵消（图1-2-13）。

②干涉色和双折射率：矿物的双折射率等于最大折射率与最小折射率之差[一轴晶 $Ne—No$（+）、$No—Ne$（-），二轴晶 $Ng—Np$]。矿物的双折射率大小的表现之一，就是矿物的干涉色。正交偏光镜间矿物干涉色的产生是由于白光通过矿物切片时产生双折射，二偏振光波由于传播速度不同（前已述及，折射率大的速度慢，折射率小的速度快，$N=c/v$），一种为快光，一种为慢光，在相同的时间里，它们走过的路程不同，因而产生了光程差。

图1-2-13 相干波干涉
A. 光波1与2相同增强 B. 光波1与2反向抵消

光程差是快光（Np）和慢光（Ng）通过晶体过程中发生双折射产生的，并在它们到达上偏光镜时保持不变，因为它们在空气中传播速度相等。光程差$R=d（Ng-Np）$。光程差与矿片厚度和双折射率成正比，而双折射率又与矿物性质及切面方向有关。因此，影响光程差大小的因素有：矿物性质、切面方向和矿片厚度，这3个因素必须综合考虑。特别应当注意，同一种矿物，不同方向切面的双折射率不同，平行光轴或平行光轴面的切面，双折射率最大，垂直光轴切面的双折射率为零；其他方向切面的双折射率介于零与最大双折射率之间，不同矿物的最大双折射率不同。

此外，矿片干涉结果的明亮程度，还与透出偏光镜的2种偏光K'_1、K'_2振幅大小有关，其振幅愈大，亮度愈强。当矿物上光率体椭圆半径与AA、PP成45°夹角时，K'_1、K'_2振幅最大，矿片最明亮，这时的矿片位置称为45°位置。

由于光程差的存在，使通过上偏光镜时两光波在同一平面内振动而相互干涉产生了干涉色。在正交偏光镜下，以45°位置时干涉色最亮。矿物干涉色的高低取决于双折射率的大小和玻片的厚薄，具体关系为：$R=d（Ng-Np）$，式中，R为光程差，由于不同的光程差有不同的干涉色，R的变化可以看作是干涉色变化。d为切片厚度，$Ng-Np$为双折射率。从式中可以看出，如果厚度相同，双折射率愈大，光程差愈大。如果双折射率相同，切片厚度愈大，光程差愈大。随着光程差R由小到大的连续变化，干涉色也发生有规律的连续变化，这就是干涉色级序。所以，当我们把切片做成一定厚度时（0.03 mm），我们可以根据矿物干涉色的级序来判断矿物双折射率的高低，用以鉴别不同矿物。而矿物的双折射率还取决于矿物的切片方位。在通常的岩石玻片中，同一种矿物往往可以有许多的切面，因而有各式各样的干涉色。所以也有人讲，大小不同的双折射率，表现出影响矿物干涉色级序的因素有3个：切片厚度、双折射率大小及切片方位。而最具有鉴定意义的干涉色，是矿物上的最高干涉色。对于一轴晶矿物来说，平行于光轴切面的干涉色最高；对于二轴晶矿物来说，平行于光轴面的干涉色最高。干涉色由低到高，产生连续有规律的变化。

若用白光为光源时，在正交偏光镜 45°位置缓慢地插入石英楔，随着厚度的增加，其光程差由零开始连续地增大，视域中将依次出现有规律而且连续的干涉色：暗灰→灰白→浅黄→橙→紫红，然后为蓝→蓝绿→绿→黄→橙→紫红的变化，从而构成了干涉色的级序。干涉色向 R 增大的方向变化，称为级序升高，反之为级序降低。矿物的干涉色可划分为 4～5 个级序（表 1-2-2）：

表 1-2-2　矿物干涉色的级序及特征

干涉色级序	颜色	光程差（nm）	特点
第一级干涉色	暗灰→灰白→浅黄→橙→紫红	0～550	无蓝绿色，出现灰色、灰白色
第二级干涉色	蓝→蓝绿→绿→黄→橙→紫红	550～1 100	颜色鲜艳，色浓而纯，尤其第二级蓝最清晰
第三级干涉色	蓝→绿→黄→橙→红	1 100～1 650	颜色浅，界限不如第二级清楚，第三级绿最鲜艳
第四级干涉色	浅蓝→浅绿→浅黄→浅橙→浅红	1 650～2 200	颜色更浅，颜色混杂不纯，界限更模糊
第五级干涉色	高级白	＞2 200	

第一级主要干涉色为：暗灰→灰白→浅黄→橙→紫红。其光程差在 0～550 nm，主要特点是无蓝绿干涉色，而出现特有的灰色、灰白色干涉色。

第二级序主要干涉色为：蓝→蓝绿→绿→黄→橙→紫红。其光程差在 550～1 100 nm。干涉色特点是：蓝、绿、黄、橙、紫红等色，颜色鲜艳，色浓而纯，色带间界线较清楚，尤其是二级蓝最清晰。

第三级序主要干涉色为：蓝→绿→黄→橙→红。光程差在 1 100～1 650 nm。若将第三级序与第二级序的干涉色作比较，则它们在颜色的出现顺序上是一致的，但第三级序较第二级序干涉色浅，干涉色条带之间的界线不如第二级序清楚，其中第三级绿最鲜艳。

以上各级干涉色末端均出现紫红色或红色，此色给人目力感觉很灵敏，易于感觉到，称为灵视色。

第四级序主要干涉色为：浅蓝→浅绿→浅黄→浅橙→浅红。光程差在 1 650～2 200 nm。干涉色的颜色更浅，颜色混杂不纯，干涉色条带间的界线更模糊。当光程差增大到 2 200 nm 以上，相当于第五级以上干涉色时，光程差几乎同时接近于各单色光波半波长的偶数倍，也接近半波长奇数倍，各单色光都有不同程度的明亮出现。各色混杂，形成一种与珍珠表面颜色相近的亮白色，称为高级白干涉色。

矿物干涉色级别的确定，最常用的方法即为边缘色带法：找到矿物带斜坡的边缘，观察从最外沿向矿物中间有几条红带分布。红带的数目加 1，便是矿物所呈现的颜色级别。例如一矿物呈现黄色，其边缘有 3 条红带，该矿物的干涉色便是第四级黄，这是因为干涉色谱中每一级顶部色谱都以红为结束，有红带存在就说明红带以上的干涉色要高于红带所在的级别一级，所以以边缘红带数加 1 作为矿物的干涉色级别。但要注意：①当矿物中心部分呈现红色时，不能再加 1。②比较靠近矿物边缘的地方出现深蓝色色带，是第一级红和第二级蓝的混合带，也高于红带数目。③矿物由于高低不平，其颗粒之上有斑点状红圈，不能算作红带数目。矿物干涉色可通过石英楔子的插入和抽出来鉴定。

（4）双晶　矿物的双晶在正交偏光镜间表现很清楚，组成双晶的单体消光一般不一致，各表现为不同亮度的干涉色，从而能清楚地观察到双晶构造。有些矿物根据特有的双晶不难识别，特别是长石类的矿物。例如微斜长石具有一种特征的方格状双晶，正长石具有卡式双晶，斜长石具有聚片双晶等。

（三）偏光显微镜下常见矿物、岩石的特征

1. 常见矿物的光学特征

（1）橄榄石类矿物　橄榄石类矿物是元素为二价阳离子构成的正硅酸盐，具有典型的孤立硅氧四面体结构，硅氧四面体之间主要由二价阳离子联系起来，一般无铝代替硅的现象。橄榄石的化学通式为 R_2SiO_4，其中 R 为二价阳离子 Mg^{2+}、Fe^{2+}、Mn^{2+}、Ca^{2+}、Zn^{2+}，构成 3 个类质同象系列。自然界分布最广泛的是镁橄榄石—铁橄榄石系列，可形成完全的类质同象系列。

玻片中富镁的橄榄石为无色透明，富含铁的变种呈淡黄色；橄榄石类一般呈等轴的自形、半自形；为正高突起至正极高突起，具有明显的糙面；多数情况下见不到解理；双折射率变化于 0.33～0.52，干涉色高达第二级至第三级，平行消光。

（2）辉石类矿物　辉石类矿物是自然界分布最广、最主要的造岩矿物之一。在玻片中多数为无色或带浅绿、浅褐色调。晶形多呈宽板状或柱状，横断面常为八边形或四边形；具有 2 组解理，解理角为 $87°$ 和 $93°$；具正高突起；干涉色有第一级橙黄色（顽火辉石）和第二级蓝（透辉石）。

（3）角闪石类矿物　角闪石是自然界分布最广的造岩矿物之一，是岩浆岩和变质岩的主要造岩矿物。角闪石类矿物的化学成分复杂，类质同象替换普遍，种属很多，分为几个亚类，如钙闪石亚类，包括透闪石、普通角闪石、阳起石等；碱性闪石亚类，包括蓝闪石等。

绝大多数角闪石晶体常沿 c 轴延伸而成长柱状、针状、纤维状，横断面为菱形或近菱形的六边形；在横切面上可见 2 组完全解理，解理夹角为124°或56°，纵切面多为柱状，只能见到一个方向的完全解理；玻片中颜色较深，常呈绿、黄褐色，多色性和吸收性都很强；正中突起。

（4）云母类矿物　云母类矿物分布相当广泛，是最常见的造岩矿物之一，三大岩类中均有分布，有的种属还是有用的矿产资源。云母类矿物根据化学成分和光性特征可分为 3 个亚类：白云母亚类、金云母-黑云母亚类、锂云母-铁锂云母亚类。

云母类矿物的共同特征是常呈片状、鳞片状及假六方柱状，具有极完全解理；颜色随铁含量的增加而加深，含铁黑云母的多色性和吸收性均较强，白云母不含铁，为无色透明。

黑云母在玻片中大多数为长条状，具一组解理的切面多色性极为明显，都是深褐色，正中突起，平行消光，具第三级以上干涉色；金云母发育极完全解理，在玻片中通常呈不规则的片状或长条状，无色至浅黄褐色，具微弱多色性，正低—正中突起，平行消光，最高干涉色为第二级至第三级；白云母发育极完全解理，在玻片中无色透明，多呈长条状和片状，正低—正中突起，平行消光，最高干涉色可达第三级。

（5）斜长石类矿物　斜长石包括酸性斜长石、中性斜长石、基性斜长石。玻片中斜长石为无色透明，呈宽板状或柱状；绝大多数为正低突起，由于其折射率与树胶接近，在玻片中解理可见性很差；呈第一级灰白干涉色；斜长石普遍可见到双晶，有聚片双晶等；在中长石中常常可见环带构造。

（6）钾长石　在玻片中，钾长石无色透明，发育有 2 组解理；负低突起；干涉色为第一级灰，无双晶或具有卡氏双晶或格子双晶。

（7）石英　在玻片中，石英无色透明，呈他形粒状，无解理；正低突起，无糙面；干涉色第一级黄白，常具波状消光。

（8）方解石　方解石在自然界分布极为广泛，是沉积岩、变质岩的主要矿物组分。在玻片中无色透明，具菱形解理；闪突起；高级白干涉色；常具聚片双晶，双晶平行于菱形的长对角线。

2. 常见岩石具体玻片的光学特征

（1）二辉橄榄岩　二辉橄榄岩为中—粗粒结构，主要矿物为橄榄石、斜方辉石和单斜辉石等。橄榄石呈粒状，无色，裂纹发育，正高突起，糙面明显，最高干涉色可达第二级顶部或第三级底部。

（2）辉长岩　辉长岩为辉绿结构，主要矿物为辉石、斜长石黑云母。辉石为他形粒状，正高突起，干涉色第二级中，为普通辉石；斜长石为自形板状，

（引自常丽华等）

（引自常丽华等）

聚片双晶发育，消光角较大，为拉长石；黑云母为棕红色，多色性强，由淡黄色至棕红色，呈定向排列。

（3）辉绿岩　辉绿岩为间粒结构，在斜长石格架中有细粒普通辉石、橄榄石等。斜长石呈自形板条状；钠长石双晶带细密，有些颗粒具环带结构；普通辉石为他形细粒状，淡褐色，多色性不明显；橄榄石为他形细粒状，无色透明，突起高。

（4）橄榄玄武岩　橄榄玄武岩为斑状结构，斑晶成分主要为橄榄石，还有普通辉石、斜长石。橄榄石为半自形—他形粒状，橄榄石常变为褐红色的伊丁石；普通辉石为他形粒状充填于斜长石格架中；斜长石呈自形—半自形板状。若橄榄石已变为伊丁石则称为伊丁玄武岩。

（5）闪长岩　闪长岩为全晶质半自形不等粒状结构，主要矿物成分为斜长石、普通角闪石。斜长石主要为偏基性的中长石，具环带结构；普通角闪石为淡绿色、深绿色，干涉色受本身颜色影响，其边缘常见他形或放射状透闪石和阳起石，多色性不明显。

（6）二长岩　二长岩具二长结构，主要矿物为斜长石、正长石、辉石、普通角闪石等。斜长石为自形板状晶体，环带结构发育；正长石多呈较大的半自形—他形晶体，折射率低于树胶；辉石为自形或半自形短柱状晶体，浅绿色，有极弱的多色性；普通角闪石呈绿色，多色性强，消光角20°，常沿辉石解理交代辉石而成。

（7）石英闪长玢岩　石英闪长玢岩为斑状结构，斑晶为斜长石、普通角闪石和黑云母。斜长石斑晶占15%～21%，为自形板状，有时呈聚合斑晶出现，环带结构发育，钠长石斑晶发育；普通角闪石为自形粒状，横切面为菱形，多色性显著，绿色至黄绿色；基质为他形粒状石英与半自形细板状斜长石，基质占63.6%～72.8%。

（8）角闪安山岩　角闪安山岩为斑状结构，斜长石斑晶为半自形板条状，环带结构发育，角闪石斑晶呈自形—半自形长柱状及菱形，浅绿色至褐黄色，干涉色大多不超过第一级黄；基质中的斜长石为小板条状，折射率大于树胶，具交织结构。

（9）花岗岩　花岗岩为全晶质他形粒状结构，主要矿物为条纹长石、斜长石、石英，次要矿物为黑云母。条纹长石为他形粒状，主晶多为微斜长石，具格子状双晶，负突起，少数为正长石；斜长石为他形粒状；石英为他形粒状，无色透明，无解理，有轻微的波状消光；黑云母为他形片状，含量很少。

（10）黑云母花岗闪长岩　黑云母花岗闪长岩为全晶质半自形粒状结构，主要成分为斜长石、石英、正长石、角闪石；斜长石一般为自形板状晶体，正低突起，环带结构；正长石为他形，负低突起，可见 2 组解理；石英为他形粒状；角闪石呈不规则形状，多色性强，横切面上可见角闪石清晰的解理缝。

（11）花岗斑岩　花岗斑岩为斑状结构，斑晶为正长石和石英。正长石斑晶为 0.5～10 mm 半自形板状晶体，有时见卡氏双晶，石英斑晶为 0.3～2.9 mm，他形，边缘常被熔蚀成港湾状，并含有许多矿物包裹体，黑云母为绿褐色至褐黄绿色，多色性强，不同程度绿泥石化；基质为微粒石英和正长石构成的显微花岗结构。

（12）似斑状花岗岩　似斑状花岗岩具似斑状结构，多数斑晶大于 10 mm，有的可达数百毫米，斑晶主要由碱性长石组成，具环带结构；基质主要由斜长石、正长石、石英组成，斜长石主要为中—粗粒半自形板状，消光角小，正长石负低突起，解理清晰，石英为他形粒状。

（13）正长斑岩　正长斑岩为斑状结构，斑晶为正长石，可见格子状双晶，干涉色极低。基质中长石主要为钠长石和奥长石，有聚片双晶，斜长石空隙处充填有黑云母、褐铁矿及绿泥石等；角闪石呈绿色柱体分散在基质中。

（14）正长细晶岩　正长细晶岩为细晶结构，主要成分是正长石，正长石蚀变泥化较剧烈，单偏光镜下呈淡棕褐色，有较少的极细粒石英分布在其缝隙中。

（15）火山角砾岩　火山角砾岩为碎屑结构，碎屑由晶屑和岩屑组成，晶屑为 0.2～1.5 mm，岩屑为 2～10 mm，呈棱角状，有安山岩、燧石岩和火山角砾岩岩屑。晶屑多为石英和透长石，石英正低突起，有些溶蚀，常有裂纹；正长石负低突起，表面风化，呈浅褐色，有时见一组解理。胶结物一般为小于 0.01 mm 的硅质雏晶，可能为火山灰重结晶所致。

（16）晶屑熔结凝灰岩　晶屑熔结凝灰岩为晶屑熔结结构，晶屑为长石，呈不规则板状，许多晶屑破碎，成分为正长石、斜长石，正长石无色，负低突起，干涉色第一级灰；斜长石具聚片双晶，一般为奥—中长石。

（17）硅质石英砂岩　硅质石英砂岩为中—细粒砂状结构，碎屑颗粒几乎全是石英，而且胶结类型为石英次生加大式，还见微量磁铁矿、白云母和黑云母碎屑矿物。石英碎屑颗粒占 95％以上，粒度多数为 0.1～0.2 mm，磨圆差，分选中等，胶结物为硅质，与石英碎屑颗粒成分相同，而且光性方位多数一致，显然是原生胶结物围绕碎屑颗粒再生长，从而使碎屑颗粒发生次生加大形成次生加大式胶结。

（18）长石砂岩　长石砂岩为砂状结构，次生加大胶结。碎屑成分主要为石英、长石，还有少量石英岩岩屑及白云母碎屑等，分选性差，次棱角状至次圆状。石英碎屑为棱角状，含量大于 50％；长石碎屑圆度较石英高，为次圆状，主要为正长石及微斜长石，正长石大多数已高岭石化。胶结物为黏土和铁质。

（19）高岭石黏土岩　高岭石黏土岩为泥质结构，绝大多数由隐晶质细鳞片及胶体高岭石组成，占90%以上，高岭石干涉色较低，单偏光下土状，粒度0.001 mm左右，含母岩碎屑矿物很少。

（20）鲕状灰岩　鲕状灰岩为鲕状结构，鲕粒间为亮晶方解石充填胶结。鲕粒的粒径为0.25~2 mm，鲕粒多具有核心和同心层结构，核心为微晶方解石，同心层1层到10层不等。鲕粒原为泥晶方解石组成，后经重结晶作用已变成亮晶方解石。

（21）竹叶状石灰岩　竹叶状石灰岩为砾屑结构。砾石由泥晶方解石构成，砾石表面平滑，砾石表面被褐铁矿染色剧烈，使之呈褐黄色，泥质成分较高，方解石均为颗粒小于0.01 mm的淀晶方解石组成。

（22）白云岩　白云岩为半自形不等粒镶嵌结构，岩石主要由白云石组成，少量亮晶方解石沿一组次生裂隙作脉状充填。白云石为半自形不等粒状，单偏光镜下双折射率强，突起随样本台转动方向而变，具高级白干涉色特征。

（23）油页岩　油页岩为泥质结构，显微层状构造，主要成分为水云母黏土和有机质混合物，高倍镜下可见短的显微纤维状水云母。单偏光镜下的黄褐色及少量的褐红色为有机质，构成了显微层理。

（24）千枚状板岩　千枚状板岩为千枚状构造，板状构造亦发育。主要矿物成分为显微鳞片状的绢云母，颗粒0.01 mm左右，呈定向排列，干涉色较高，偶见少量石英粉砂，由于矿物成分未经重结晶变化，故定名为板岩。

（25）粉砂质千枚岩　粉砂质千枚岩为显微鳞片变晶结构，千枚状构造，石英颗粒为0.01~0.03 mm，具拉长形，有明显的定向排列，胶结物经变质后成为显微鳞片状绢云母，绕石英细粉砂粒呈鳞片状排列，铁质及有机质集中于绢云母周围分布，单偏光镜下为棕褐色。

（26）白云母石英片岩　白云母石英片岩片状构造明显，主要矿物成分为石英、白云母。石英呈细条粒状，包体甚多，包体无色透明，呈他形粒状，无解理，正低突起，无糙面；白云母发育极完全解理，在单偏光镜中无色透明，多呈长条状和片状，正低—正中突起，黑云母甚少。

（27）十字石铁铝榴石云母片岩　此种岩为斑状变晶结构，基质为纤维鳞片变晶结构，岩石主要由云母、石英、长石、十字石、铁铝榴石组成，后二者形成变斑晶，前三者呈纤维鳞片变晶基质。变斑晶十字石为柱状，横切面呈六边形，有环带结构，具明显的多色性，有一组解理清楚，正高突起，纵切面平行消光，横切面对称消光；铁铝榴石多为近似等轴六边形，自形晶横切面淡粉红色，正极高突起，无解理，均质性；基质中石英、长石压扁拉长他形变晶，与褶曲状平行密集的白云母细片相间排列，形成片理。

（28）花岗片麻岩　花岗片麻岩为中粒花岗变晶结构，片麻状构造，主要矿物成分为石英、长石、云母。石英波状消光，接触处成缝合状；微斜长石及条纹长石少量，但较新鲜，中心部分有蚀变，斜长石蚀变最强烈；黑云母多色性强。

（29）石英岩　岩石具细粒、等粒变晶结构，石英呈颗粒为 0.1～0.8 mm 的球粒状，少数有拉长形状，许多颗粒有裂纹，含少量正长石，正长石含量小于 5%，一般呈显微粒状集合体充填在石英粒之间，偶见一些副矿物，如榍石、锆石、磷灰石等。

（30）大理岩　大理岩为等粒变晶结构，主要由白云石组成，白云石重结晶颗粒一般为 0.05～0.1 mm，正中突起，干涉色高级白，有极少量颗粒为 0.1～0.8 mm 的白云母，其糙面比石英显著。

（31）硅藻岩　硅藻岩为生物碎屑结构，微纹层构造，岩石主要由硅藻类遗体——硅藻甲壳、蛋白土、黏土类矿物及碳质物组成。蛋白土、黏土类矿物和碳质物相间排列组成薄层，碳质物多集中在层面上，硅藻甲壳散布在上述基质中，有分层集中现象。

（四）土壤微形态学的基本知识

1. 土壤微形态学的研究对象及意义　土壤微形态学是土壤学的一门分支学科，是用偏光显微镜代替肉眼观察土壤微形态特征，它是野外土壤剖面形态研究的延续。土壤微形态学研究的对象是未经扰动的原状土。

习惯上将肉眼可见的野外土壤剖面形态称为大形态；在野外不能解剖的原状土，在立体镜、放大镜下，放大几倍到几十倍观察的形态称为中形态；将土壤磨制成 0.03 mm 厚的玻片，在偏光显微镜下观察其原状结构，称为微形态。利用电子显微镜、离子显微镜观察土壤形态特征及微粒的晶形结构，利用电子探针、激光手段进行土壤微区成分分析，称为超微形态。土壤微形态从广义上包括中形态、微形态和超微形态，狭义指偏光显微镜的微形态。

土壤微形态学作为一门学科，有其独自的体系和理论基础，但作为一种研究土壤的方法和手段，则是与其他物理、化学方法和技术相辅相成、互为补充，不可替代，有时甚至是主要的研究方法，如某些土壤分类的诊断层指标的提出，土壤微形态学就起决定性作用。

土壤微形态学研究具有综合性很强的特点，其与土壤学、矿物学、化学、物理学、生物学等密切相关。

2. 土壤微形态学的建立与发展　土壤微形态学与岩相学的发展密切相关。

1869 年制备岩石玻片成功，20 世纪初，有些土壤学者开始将制备玻片的方法引入土壤学。1931 年，奥地利学者库比纳用显微镜对土壤进行了一系列研究，于 1938 年出版专著《微土壤学》。该书的问世，标志着土壤微形态学的建立。

20 世纪 50 年代开始为土壤微形态学研究的兴盛时期，各国发展不平衡，研究各有侧重，但总的说来发展较慢。目前土壤微形态学研究工作较多的国家有澳大利亚、荷兰、比利时、西班牙、德国、美国、加拿大和俄罗斯等国。我国从 20 世纪 50 年代开始引进国外土壤微形态学的研究成果，从 60 年代起进行具体研究，取得了一些成果，在土壤发生和分类、土壤侵蚀、古土壤等方面都做了大量工作，取得了一定成果，在理论和生产上都具有重要意义。随着科学技术的发展，土壤微形态学的研究将具有更广阔的前景。

3. 土壤玻片的基本内容　土壤微形态学研究主要是指用偏光显微镜观察土壤玻片。利用单（下）偏光镜可以观察土壤颜色、结构、孔隙、土壤形成物、植物残体及矿物的一些光学性质。土壤的孔隙为白色，在正交偏光下，土壤孔隙和均质矿物的视域均为黑暗，非均质矿物和定向黏粒集合体具有干涉色和消光特性。土壤微形态特征的鉴定内容主要包括土壤颜色、粗骨颗粒、土壤微结构、土壤孔隙、土壤有机物质、土壤形成物等。

土壤颜色普遍采用门赛尔土色卡鉴别。粗骨颗粒包括不透明矿物、透明矿物和岩屑，可以根据矿物外形特征、排列情况和母质类型的关系，推断土壤的母质类型（表 1-2-3）。

表 1-2-3　土壤母质类型的推断

外形	排列状况	母质类型
棱角形	成分复杂、分选差、大小不一混杂排列	残积、坡积、洪积型
半圆、滚圆形	分选好、有层理、排列整齐	河流冲积型
滚圆形	颗粒细小、排列紧密、有方向性	静水湖积型
棱角或磨圆形	多粉砂颗粒、波状层理	风积型

土壤微结构是指土壤物质中的粗骨颗粒、细粒物质和孔隙的空间排列，是综合反映土壤性质的重要微形态特征，是土壤微形态的核心。分析土壤微结构类型可以判断土壤类型和土壤肥力状况。

土壤微结构的观察又包括土壤结构体、土壤微结构类型。土壤结构体包括由团聚作用形成的土壤团聚体和干湿交替、膨胀收缩作用形成的棱角形土块。按团聚体的大小分为大团聚体和微团聚体，划分界限是 0.25 mm。按土壤团聚体发育程度可分为：雏形团聚体、连生团聚体、游离团聚体。土壤微结构类型有低级的包膜状微结构、斑晶胶凝状微结构等，高级的海绵状土壤微结构、紧实土壤微结构等。

而土壤中的细粒物质即土壤基质包括小于 0.01 mm 的矿物质和有机颗粒，类型有胶凝基质、高度胶凝基质、黏结基质、絮凝基质、浊松基质。

土壤孔隙在不同切面可表现为不同形状。世界上都采用布鲁尔分类方法，此方法根据形态学原则分类，将土壤孔隙分为堆集性孔隙、孔洞、气泡状孔隙、孔道（管道状孔隙）、孔穴、囊状孔隙、树枝状孔隙等。

土壤形成物是指土壤形成过程的产物，相当于大形态的"新生体"，但含义和内容更广些。土壤形成物采取以物质组成为主的分类，包括黏粒形成物、铁锰形成物、碳酸盐形成物、硫酸盐形成物、颗粒形成物等。

土壤生物物质包括土壤中的植物、动物、微生物的遗体和遗迹及生物岩。

四、作业

在偏光显微镜下观察花岗岩、玄武岩、安山岩、流纹岩、页岩、砂岩、石灰岩、片岩、花岗片麻岩、石英岩的特点。

■ Ⅲ地质罗盘仪的使用、 读图与绘图

⟩⟩⟩实验九　地质罗盘仪的结构与使用⟨⟨⟨

一、实验目的

1.了解地质罗盘仪的结构、用途和基本使用方法,掌握野外工作的基本技能。

2.进一步理解岩层走向、倾向、倾角的含义,巩固课堂所讲的与岩层产状及其产状要素有关的概念。

二、地质罗盘仪的结构

地质罗盘仪是野外地质和土壤、土地调查工作者必备的工具之一,可用来辨别方向,确定观察点的位置,测定岩层和一切构造面的产状,测量地形的坡度,同时与皮尺配合还可以测制地质剖面图、简易地形图、土壤分布图等。

地质罗盘仪和普通指南针一样,是根据地球的地磁极指向南北的原理制成的。其式样很多,有近似圆形的,也有方形的,但结构大同小异,有铜质、铝质或其他非磁性合金制成的盒子外壳,内装有测定方向的构件和测斜仪(图1-3-1)。

图1-3-1　地质罗盘仪结构

1.小测望标　2.反光镜　3.磁针制动器　4.圆水准器　5.长测望标　6.短照准合页
7.磁针　8.长水准器　9.测斜仪　10.水平度盘　11.度盘螺旋　12.垂直度盘

1. 测定方向的构件　测定方向的构件由磁针、磁针制动器、水平度盘、圆水准器和瞄准器组成。

(1)磁针　磁针是罗盘定向的最主要部件,安装在底盘中央的顶针上,进行测量时,旋松磁针制动器螺丝,使磁针自由摆动,最后静止时磁针的指向就是磁针子午线的方向。不用时必须立即旋紧制动螺丝,这点要特别注意。由于

我国位于北半球，磁针两端受磁力不等，使磁针失去平衡，为了使磁针保持平衡，常在磁针南端绕上几圈铜丝，也便于区分出南针和北针。

（2）水平度盘　水平度盘的刻度有 2 种表示方法，一种是以水平度盘的北（N）端为 0°，逆时针方向连续刻至 360°、180°、90°和 270°分别为 N、S、E 和 W。用这种方法刻记的罗盘称方位角罗盘仪。另一种是以水平度盘的北（N）、南（S）端各为 0°，分别向东（E）、西（W）端刻至 90°，这种方法刻记的罗盘称为象限角罗盘仪，水平度盘上刻着的东西标记与实际的东西方向相反，是为了能直接读得所求的数值。

目前使用的地质罗盘仪确定方向，大都用方位角表示。方位角是由地理子午线（真子午线）或地磁子午线的北端起，以顺时针方向量到已知直线的夹角，作为此线的真方位角或磁方位角。经磁偏角校正后的罗盘测得的读数称为真方位角，简称方位。如图 1-3-2 所示，OM 线的方位角为 α，即真子午线与 OM 之间的顺时针方向的夹角，具体数值是 45°，真子午线与 OP 线之间的顺时针方向的夹角为 β，即 OP 线的方位角为 β，测得具体数值是 160°。

图 1-3-2　方位角

（3）圆水准器　圆水准器固定在水平度盘，使用时圆水准气泡居中，说明罗盘放置水平了，否则把它调至居中。

（4）瞄准器　瞄准器包括长测望标、短照准合页、小测望标、反光镜（中间有平分线，下部有透明小孔），作瞄准被测目标之用。

2. 测定斜坡的构件　测定斜坡的构件由测斜仪（悬锥）、长水准器、垂直度盘组成，是用来测定岩层及一切构造面的倾角和地形坡角。

（1）测斜仪　测斜仪悬挂在磁针轴下方，通过底盘处的扳手可使测斜仪转动，测斜仪中央尖端所指刻度即为倾角和坡角的度数。

（2）长水准器　长水准器固定在测斜仪上，其中的气泡是观察测斜仪是否水平的依据。

（3）垂直度盘　垂直度盘用来读倾角和坡角的度数。

三、磁偏角的校正

由于地磁子午线与地理子午线不一致，地球上任一点的磁北方向和该点的正北方向间的夹角称为磁偏角，各地的磁偏角是测绘部门按期计算、公布，以备查用的。磁偏角有东偏和西偏之分，因此使用地质罗盘仪前要进行磁偏角的校正，这样测得的数值，才能代表真正的方位角。校正的方法是向西偏减，向东偏加。直接在水平度盘上转动磁偏角的度数，如东偏角时将水平度盘顺时针方向转动，西偏时则逆时针方向转动水平度盘。

例如，某地区的磁偏角为西偏 5°，只要将地质罗盘仪的水平度盘逆时针旋转 5°即可。

四、地质罗盘仪的使用

1. 确定方向　将地质罗盘仪的圆水准气泡居中，则地质罗盘仪的北针指向北，南针指向南。

2. 测定方位　先旋松制动器，用手托住地质罗盘仪，将地质罗盘仪的反光镜紧贴自己的身体，长测望标竖起朝前，使被测目标、长测望标尖、反光镜平分线在同一直线上，放平地质罗盘仪，圆水准气泡居中，读出磁针北极所指的度数，即为被测目标的方位角（如果指针一时静止不了，可读磁针摆动时最小度数 1/2，测量其他要素读数时也相同）。

如果被测目标低于观测者的位置，这时将地质罗盘仪举到自己的胸前，长测望标靠近自己，面对反光镜，使被测目标通过反光镜上透视孔中的平分线，经长测望标尖的小孔和眼三者构成一直线，放平地质罗盘仪，读出磁针南极所指的读数（因用罗盘瞄准目标时，南北两端与前者正好相差 180°），即为被测目标的方位角。

为了避免时而读指北针，时而读指南针，产生混淆，故应记住长测望标指向所求方向时读指北针，反之读指南针。

3. 测岩层和一切构造面的产状要素　测岩层或其他构造面的走向时，将地质罗盘仪的长边（即 S、N 边）与层面紧贴（图 1 - 3 - 3），放平地质罗盘仪，圆水准气泡居中后，指北针或指南针所指的度数即为所求的走向。

测岩层倾向时，用地质罗盘仪的北极指着层面的倾斜方向（图 1 - 3 - 3），使地质罗盘仪的短边（即 E、W 边）与层面贴紧，放平，指北针的度数即为所求倾向。倾向只有一个指向，只能用一个数值表示。假若在岩层顶面上进行测量有困难，也可在岩层底部测量，仍用长测望标指向岩层倾斜方向，地质罗盘仪北端紧靠底面，读指北针即可，假若测量底面时读指北针受障碍，则用地质

图 1-3-3　岩层的产状要素及其测量方法

罗盘仪南端紧靠岩层底面，这时读指南针即可。

测倾向时，为了避免读错指针，可以首先确定某地点的南北方向，确定岩层或构造面的大致倾向方向，然后读与之相近的指针所指的度数即为所求倾向。

测倾角时将地质罗盘仪竖起，以其长边贴紧层面，并与走向线垂直，用中指拨动地质罗盘仪底部的活动扳手，使长水准器中的气泡居中，读测斜仪中所指最大读数，即为岩层的真倾角。倾角的变化为 0°～90°，如一岩层的倾角为 35°。在野外测定产状要素，往往只要测量岩层和一切构造面的倾向和倾角，并记录下来。记录格式为：倾向、倾角，如 150°∠35°，是指倾向为 150°，倾角为 35°。由于走向和倾向相差 90°，倾向分别加减 90°即为走向，这样，走向就有 2 个数值，因此人们一般不记录走向。

注意：野外测量岩层产状时，必须在岩层露头上测量，不能在滚石上测量，因此要区分露头和滚石。区分露头和滚石，主要靠多观察和追索。另外，如果岩层面凹凸不平可把记录本放在岩层面上，当作层面以便测量。

在野外测得的产状要素要标注在图件的相应位置上。产状符号一般用"⊥50°"表示，长线表示走向，与长线相垂直的短线表示倾向，数字表示倾角。

4. 坡度角的测量　坡度角有 2 种：一种是向上测的仰角，记录时用"＋"号表示在度数之前（如＋15°）；另一种，是向下的俯角，记录时在度数之前加"－"号（如－25°）。仰角和俯角的测量方法相同。先用左手握紧地质罗盘仪的短边，使反光镜面对自己，长测望标拉直，并将短照准合页与长测望标相垂直，被测目标（被测目标离地的距离要与地质罗盘仪离地面的距离相一致）通过反光镜透视孔中心线，与长测望标尖的小孔成一直线后，用右手调整测斜仪的长水准气泡居中，在测斜仪上读出度数，即为被测目标的坡度角。

五、作业

用地质罗盘仪测定 2 个目标的方位、2 个模型岩层面或构造面的产状，并把数据填入表 1-3-1 中。

表 1-3-1　地质罗盘仪测目标方位和层面产状

观测点位置	观测目标	测量项目	测量结果
位置 1		方位角	
位置 2		方位角	
	模型 1（编号）	层面产状	
	模型 2（编号）	层面产状	

>>>实验十 地质构造模型观察<<<

一、实验目的

1.通过观察立体的地质构造模型，加深和巩固课堂所学的知识。

2.初步建立不同产状的岩层、褶皱、断层和角度不整合等构造的概念，了解各种产状岩层在不同地形条件下的露头形态。

二、实验内容

1.岩浆岩的产状 岩浆岩的产状有岩基、岩株、岩墙、岩床、岩盖等。

2.不同产状岩层的露头形态 不同产状岩层的露头形态包括水平岩层、直立岩层、倾斜岩层。

3.地层的接触关系 地层的接触关系包括整合、平行不整合、角度不整合。

4.褶皱构造 褶皱构造包括褶曲要素、褶曲类型。

5.断层构造 断层构造包括断层要素、断层的基本类型。

三、模型解释

（一）岩浆岩的产状

所谓岩浆岩的产状就是指岩浆岩体在地壳中的产出状态，它们是由岩体的大小、形状及其与围岩之间的关系和其所处构造环境来决定的。岩浆岩的产状是多种多样的，也是很复杂的，它们主要取决于岩浆岩的成分和形成条件，故有火山岩的产状和侵入岩的产状之分，但是，两者之间有时是相连的，没有明确的界限。火山岩的产状与火山喷发方式和喷出物的性质有关，如熔岩钟、熔岩针、熔岩瀑布等；侵入岩的产状，指其形态、大小及其与围岩的关系，如岩墙（岩脉）、岩床、岩盆与岩盖、岩株、岩基（图1-3-4）。

（二）不同产状岩层的露头形态

层状岩层露头分布形态，决定于岩层产状、地形及二者的相互关系。

1.水平岩层的露头形态 地形平坦，未经河流切割，在地面上只能看见岩层的顶面；地形复杂，经河流切割，可以看到老岩层露头，其地质界线与地形等高线平行或重合（图1-3-5）。

2.直立岩层的露头形态 除岩层走向有变化外，其他不受地形影响，地质界线是沿其走向作直线延伸（图1-3-6）。

图 1 - 3 - 4　岩浆岩产状

图 1 - 3 - 5　水平岩层的露头形态

图 1 - 3 - 6　直立岩层的露头形态

3. 倾斜岩层的露头形态　倾斜岩层的露头形态表现为岩层界线与等高线斜交的曲线，常常延伸形成"V"字形弯曲，也称"V"字形法则。其弯曲程度与岩层倾角和地形起伏的大小有关。当倾角由大变小时，"V"字形也由开阔转向紧闭；当地形起伏由大变小时，弯曲形状近乎直线。

（1）岩层倾向与地面坡向相反　岩层露头线与地形等高线弯曲方向相同，但岩层露头线比等高线的弯曲程度小。在河谷处，"V"字形露头的尖端指向沟谷的上游；穿过山脊时，"V"字形露头的尖端指向山脊下坡。

（2）岩层倾向与地面坡向一致，且岩层倾角大于地面坡度角　岩层露头线与等高线弯曲方向相反。在沟谷处，"V"字形露头尖端指向下游；在山脊上，则指向上坡。

（3）岩层倾向与地面坡向一致，但岩层倾角小于地面坡度角　岩层露头线与地形等高线也是向相同方向弯曲，露头线比等高线弯曲的程度大。在沟谷处，"V"字形露头的尖端指向上游；在山脊上，"V"字形露头的尖端指向山脊下坡。

图1-3-7　地层接触关系的空间分布和类型变化

1. 较老层序的岩层　2. 砾岩层　3. 砂质页岩　4. 黏土及页岩　5. 碳酸盐岩层　6. 不整合面

（三）地层的接触关系

地层的接触关系有整合接触、平行不整合接触和角度不整合接触（图1-3-7，表1-3-2）。整合接触是2套岩层的产状完全一致，互相平行，地层时代是连续的，一般没有地层缺失现象。平行不整合接触岩层界线大致平行，且地层时代不连续，有显著的地层缺失现象。角度不整合接触是较新岩层掩盖了较老岩层的界线，2套岩层的产状不平行，地层时代也不连续的接触关系，并且有显著的地层缺失现象（图3-2-26）。

表1-3-2　地层接触关系的特征

	整合	平行不整合	角度不整合
相邻地层产状	平行	平行	不平行
相邻地层岩性	相同	不同	不同
相邻地层层序	连续	有沉积间断、地层缺失、古侵蚀面、古风化壳和底砾岩	
接触面特征	正常		

（四）褶皱构造

1. 褶曲要素　褶曲要素（图1-3-8）主要包括核、翼、轴面、枢纽、轴线。

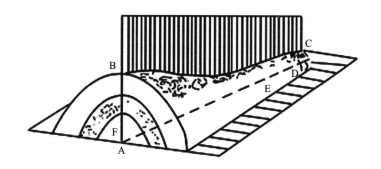

图1-3-8　褶曲要素

E. 翼　F. 核　ABCD. 轴面　AD. 轴线　BC. 枢纽

（1）核　核是褶曲岩层的中心。

（2）翼　翼是褶曲岩层的两坡。

（3）轴面　轴面是使褶曲两翼近似对称的面，也可以是曲面。

（4）轴线　轴线是轴面与水平面的交线。

（5）枢纽　枢纽是同一褶曲岩层中最大弯曲点的连线，也是褶皱中同一层面与轴面的相交线。

2. 褶曲类型　按褶曲轴面的产状、两翼地层对称情况及枢纽特征，划分出不同褶曲类型，见表1-3-3和图1-3-9。

表1-3-3　不同褶曲类型的特征

图号	类型	轴面	两翼地层	枢纽
1	直立褶曲	直立	对称	水平
2	倾斜褶曲	倾斜	不对称	水平
3	倾伏褶曲	直立、倾斜	对称或不对称	倾斜
4	倒转褶曲	倾斜	不对称，有一翼层序倒转	水平
5	构造盆地	直立	由四周向中央倾斜	下凹
6	穹隆构造	直立	由中央向四周倾斜	上凸

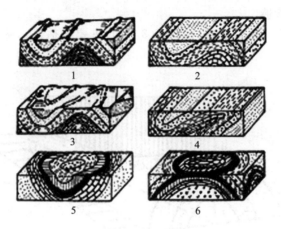

图 1-3-9　褶曲模型

1. 直立褶曲　2. 倾斜褶曲　3. 倾伏褶曲　4. 倒转褶曲　5. 构造盆地　6. 穹隆构造

（五）断层构造

1. 断层要素　断层各组成部分的名称称为断层要素，主要有断层下盘、断层上盘、断层线、断层破碎带、断层面（图 1-3-10）。

图 1-3-10　断层要素

1. 断层下盘　2. 断层上盘　3. 断层线　4. 断层破碎带　5. 断层面

2. 断层的基本类型　断层的基本类型有正断层、逆断层、平移断层、逆掩断层（图 1-3-11，表 1-3-4）。

图 1-3-11　断层类型

a. 正断层　b. 逆断层　c. 平移断层　d. 逆掩断层

表 1-3-4 不同断层种类特征

断层种类	断盘相对运动	断层面	断层倾角	所受应力
正断层	上盘下降	倾斜	>45°	引张力
逆断层	上盘上升	倾斜	>45°	压缩力
逆掩断层	上盘上升	倾斜	<30°	侧压力
平移断层	两盘水平移动	直立或倾斜	90°左右	剪应力

3. 断层造成的地层重复与缺失 走向断层是指断层走向与岩层走向平行。走向断层会造成两盘地层的缺失和重复（表 1-3-5）。

表 1-3-5 走向断层造成地层重复和缺失

断层性质	断层倾向与岩层倾向的关系		
	相反	相同	
正断层		断层倾角>岩层倾角	断层倾角<岩层倾角
	重复	缺失	重复
逆断层	缺失	重复	缺失

四、作业

1. 岩浆岩的产状有哪些？不同产状岩层在不同地形条件下的露头形态如何？

2. 褶曲与断层的基本类型有哪些？其特点如何？

>>>实验十一　地质图的判读<<<

一、实验目的

1. 明确地质图的概念，了解地质图的图式规格。
2. 掌握阅读地质图的一般步骤和方法。
3. 能综合判读地质图。

二、地质图的概念

用规定的符号、颜色和花纹将某一地区的各种地质体和地质现象（如各种岩层、岩体、地质构造、矿床等的时代、产状、分布和相互关系），按一定比例缩小并概括地投影到平面图上，即是地质图。地质图的种类很多，按内容和用途分为：区域地质图、构造地质图、第四纪地质图、水文地质图以及其他专门的地质图（如煤田地质图、油田地质图、工程地质图）等。地质图按比例尺大小可分为：小比例尺地质图（比例尺小于1：500 000），中比例尺地质图（比例尺1：200 000～1：100 000）和大比例尺地质图（比例尺大于1：50 000）。

土壤工作需要参考各种地质图件，搜集图件时尤其应该注意选用区域地质图和第四纪地质图，并尽量选用大比例尺、最新出版的地质图。

三、阅读地质图的步骤和方法

1. 看图名和方位　从图名、图幅代号和经纬度可了解该图幅的地理位置和图的类型。如北京市地质图、江苏省第四纪地质图、南京汤山地区地质图等。图名列于图幅上方图框外正中部位，经纬度标于内图框边缘。一般地质图幅是上北下南，左西右东，特殊情况也有用箭头指示方位。

2. 看比例尺　比例尺一般注在图框外上方图名之下或下方正中位置，也有与图例放在一起的。比例尺有2种表示方法：一种是数字比例尺，它是表示地面实际距离被缩小的倍数，如1：50 000，即图上1 cm相当于地上50 000 cm或500 m或0.5 km；另一种是直线比例尺，直线比例尺是把图上一定距离相当于实地的距离用直线表示出来。比例尺反映了图幅内实际地质情况的详细程度，比例尺愈大，制图精度愈高，反映地质情况也愈详尽。

此外，图框的右下方还有责任表，表中注明编图单位或人员、编图日期及资料来源，以了解资料的新旧和质量。

3. 读图例　地质图上各种地层、岩体的性质和时代以及构造等都有统一规定的颜色和符号,详见附录一、二、三。

一幅地质图上,有其所表示的地质内容和图例。图例通常放在图框外的右边。图例包括地层图例和构造图例2个方面。地形图例一般不标在地质图上。

地层图例是把该图幅出露的地层由新到老,从上往下顺序排列,用标有各种地层的相应符号和颜色的长方形格子表示,长方形格子的左边注明地层时代系统,右边注明主要岩性,岩浆岩体的图例按酸性到基性的顺序排列在地层图例之下。

构造图例是用不同线条、符号表达地质构造的内容和意义,如岩层的产状要素、断层的种类等,构造图例常放在地层图例之后。

4. 读地层柱状图 地层柱状图也称为综合地层柱状图,置于图框外的左侧,它是按工作区所出露的地层新老叠置关系综合出来的、具代表性的柱状剖面图。地层柱状图中各地层按自上而下、由新到老的顺序排列,各地层的岩性用规定的花纹表示,另栏注明各地层单位的厚度和相应地层的接触关系,喷出岩或侵入岩体按其时代以及与围岩接触关系绘在地层柱状图里。

地层柱状图的左栏是界、系、统、阶或群、组、段、带等地层单位,并注有相应的地层代号。地层柱状图的右栏是简要的岩性描述,有关化石、地貌、水、矿产等,可各设专栏,也可一并放在岩性描述栏中。

5. 读地质剖面图 在地质图上选一条尽可能穿越不同地形、地层和构造状况的有代表性的直线,把该线段上的地形、岩层和构造等用二维的垂直断面图的形式表示出来。

地质剖面图置于图框外的下方,一幅地质图可设一个或若干个地质剖面图,地质剖面图的图名以剖面线上主要地名写在图的上方正中,或以剖面线代号表示之,剖面线代号就是用细线条画在地质图上的线段两端的代号,如 I—I'、A—B 等,它表明地质剖面图在地质图上的位置。

地质剖面图的比例尺有水平比例尺和垂直比例尺2种,水平比例尺一般与地质图的比例尺一致,垂直比例尺通常大于水平比例尺,后者标在地质剖面图左右两侧的边框上。

各地层的代号标注在剖面线出露的相应地层的上面或下面,地层的符号(花纹)和色谱应与地质图一致,其图例放在地质剖面图框的下方正中。

地质剖面图的两端上方要注明剖面线方向,用方位角表示。剖面线所经过的主要山岭、河流、村镇等地名应注在剖面线上相应的位置。

6. 地质图的综合分析 在熟悉上述各种图例的基础上,即可进行地质图的观察。一幅地质图所反映的地质内容相当丰富。在观察内容上,先从地形入手，然后再观察地层、岩性、地质构造、地貌等；在观察方法上，采用一般→局部→整体的分析步骤，首先了解图幅内一般概况，然后分析局部地段的地质特征，逐渐向外扩展，最后建立图幅内宏观地质规律性的整体概念。对于土壤学专业来说，应着重分析岩性和地质构造对地形、水文和土壤母质分布的影响。

四、作业

熟悉地质图的一般格式内容，阅读太阳山地区地质图和地层柱状图（图 1-3-12、图 1-3-13）。

图 1-3-12 太阳山地区地质图

1 : 15 000

地 层			地层代号	厚度(m)	岩性符号	层序	岩 性 简 述	化 石	地 貌	水 文	矿 产
界	系	统	阶									
新生界	第四系			Q	0~20		11	河流淤积：卵石及砂子		有时构成阶地		
中生界	白垩系			K	155		10	砖红色粉砂岩，胶结物为钙质，有交错层	鱼化石		裂隙水	
	侏罗系	上统		J₃	240		9	煤系：黑色页岩为主，夹有灰白色细粒砂岩，中下部有可采煤系一层厚 50 m				可作炼焦用
		中统		J₂	233		8	浅灰色中粒石英砂岩，间或夹有薄层绿色页岩，砂岩具有洪流之交错层		常成陡崖		有沥青显示
								角度不整合				
	三叠系	上统		T₃	180		7	灰白色白云质灰岩，夹有紫色泥岩一层厚 5 m 灰岩中有缝合线构造	Halobia Spirifera			
		中统		T₂	265		6	紫红色泥灰岩中夹鲕状石灰岩互层		风化后成平缓山坡	在顶部岩层面有水渗出	
								灰绿岩岩墙		呈凹地		
								平行不整合				
古生界	二叠系	上统		P₂	356		5	浅色豆状石灰岩夹有页岩	Ly Honia oldhamina Paratelets Gallouxaiinella	在顶部顺层有溶洞出现		
		下统		P₁	110		4	暗灰色纯灰岩	Misellina Crrptospirifer			可作水泥原料
	石炭系	上统		C₃	176		3	浅灰色石灰岩，有燧石结核排列成层				
		中统		C₂	210		2	黑色页岩夹细砂岩				
		下统		C₁	600		1	灰白色石英砂岩，中夹页岩及煤线				玻璃原料

图 1 - 3 - 13 太阳山地区地层柱状图

实验十二　第四纪地质图的判读

一、实验目的

第四纪是地球发展历史最短，距今最近的时期，也是与人类密切相关的地质时期。全球地质灾害、水资源短缺、环境污染、水土流失及土地沙漠化等涉及人们生活及经济可持续发展的问题日益严重，第四纪地质与生态环境备受关注。通过第四纪地质图的判读，分析第四系地层年代及组成、沉积物成因类型、新构造运动及第四纪地质发展史的特征，从而了解土壤成土母质特点、土壤侵蚀规律，不仅可为环境地质、灾害地质、国土整治、土地资源利用及保护、科学安排农业生产服务，同时也可为预测未来沉积环境及各种地貌类型的演变提供依据。第四纪地质图是表征第四纪各种地质现象的图件，不仅是地质地貌工作最基础的资料，也是认识自然、改造自然和保护自然的重要依据。

二、实验要求

1. 掌握第四纪地质图的一般知识，学会第四纪地质图的判读步骤与方法。

2. 了解第四纪沉积物的成因类型、构造运动和第四纪地质历史的特征，了解第四纪环境的变迁。

3. 综合分析第四纪地质图，了解不同地区土壤类型和土地利用方式及存在的环境问题。

三、预备实验

（一）第四纪地质图的概念

第四纪地质图是表达第四纪地质现象的综合图件。用不同的颜色、花纹和符号，将一定地区第四纪沉积物的成因类型、第四系地层与第四纪岩浆岩的岩性和时代，以及第四纪地质构造等现象，填绘在一定比例尺的地形图上，这种地质图称为普通第四纪地质图或区域第四纪地质图。

（二）第四纪地质图判读的主要内容

1. 地层　地层是地质历史时期自然地理环境与地壳变动的记录，是研究第四纪地质问题的基础，是第四纪地质重要的研究内容。

2. 沉积物成因类型　沉积物成因类型在第四纪地质研究中具有重要地位与特殊作用，第四纪沉积物的研究是解决沉积环境的物质基础，也是第四纪地质图重要内容之一。

3. 上新世及以前基岩地貌和岩性　上新世及以前基岩地貌和岩性是第四

纪沉积环境的重要物源区，与第四纪地质密切相关，也是第四纪地质图不可缺少的内容，它使图件更具立体感。

4. 第四纪构造运动　第四纪构造运动不仅奠定了现代地貌的基础，还是控制近代地质环境、第四纪沉积物形成的基本因素，因此，第四纪构造形迹也是第四纪地质图的主要内容。

（三）第四系地层年代符号

第四系采用二分法，即更新统（Qp）和全新统（Qh）。

更新统再划分为下更新（Qp^1）、中更新统（Qp^2）和上更新统（Qp^3）。下更新统采用三分法，即 Qp^{1-1}、Qp^{1-2}、Qp^{1-3}；中更新统也采用三分法，即 Qp^{2-1}、Qp^{2-2}、Qp^{2-3}；上更新统采用二分法，即 Qp^{3-1}、Qp^{3-2}；全新统采用三分法，即 Qh^1、Qh^2、Qh^3。

当某一地层贯穿 2 个年代，无法分开时，可表示为 Qp^{1+2}、Qp^{2+3} 等形式。如果是通过钻孔探明表层下存在较早第四系地层时，则可用复式图例来表示。如下伏层为下更新统，上伏层为中更新统时，可用 Qp^{1+2} 或直接在钻孔位置上画双圆圈，外圈标上 Qp^2，内圈标注 Qp^1；未划分的第四系用"Q"表示。

（四）第四纪沉积物成因代号

第四纪沉积物成因有 3 种表示方法：代号、线段和颜色。一般用代号表示。

陆相沉积系，包括残积组：残积物 *el*、土壤 *pd*；斜坡（重力）组：崩积物 *col*、滑坡堆积物 *dp*、土溜堆积物 *sl*；流水组：坡积物 *dl*、洪积物 *pl*、冲积物 *al*、泥石流堆积物 *df*；地下水组：溶洞碎屑堆积物 *cad*、溶洞化学沉积物 *ca*、地下河沉积物 *cal*、地下湖沉积物 *call*、泉华 *cas*；湖沼组：湖积物 *l*、沼泽堆积物 *fl*；冰川堆积物组：冰碛物 *gl*、冰水堆积物 *gfl*、冰湖堆积物 *lgl*；冻土堆积物组：冻融堆积物 *fd*；风力组：风积物 *eol*、黄土 *ls*；混合成因组：残坡积物 *edl*、坡洪积物 *dpl*、坡冲积物 *dal*、洪冲积物 *pal*、冲洪积物 *apl*、冲湖积物 *all*。

海陆过渡沉积系，包括海陆过渡堆积组：河口沉积 *mem*、潟湖沉积物 *mla*、滨海沼泽堆积物 *mfl*。

海洋沉积系，包括海洋沉积组：滨岸沉积物 *mcm*、滨岸生物沉积物 *mr*、浅海沉积物 *ms*、深海沉积物 *md*。

其他：成因不明堆积物 *pr*、火山堆积物 *vl*、人工堆积物 *h*。

四、实验内容与方法

（一）判读第四纪地质图的步骤和方法

1. 阅读图名、方位和比例尺　判读步骤和方法与判读地质图是一样的，通过图名、图幅代号和经纬度了解第四纪地质图的区域位置，而比例尺可反映图幅内第四纪地质的详细情况，比例尺愈大，制图精度愈高，第四纪地质信息也愈详尽。

2. 读图例 阅读图例可快速了解该区第四纪地质的基本内容。第四纪地质图上各时代的地层、沉积物成因类型及地质构造都有统一规定的颜色和符号。

3. 读内容 读图的内容，了解第四系地层和成因类型的平面分布状况、地貌单元特征、第四纪各年代地层之间的关系、第四系地层与第三系及各地质年代古老地层的关系、新构造运动的特征等。

4. 第四纪地质图的综合分析 在阅读图例和详细了解第四纪地质图内容基础之上，研究第四系地层、新构造运动、火山活动及地貌特征，分析沉积物成因类型及形成环境，分析第四纪地质发展、演化规律，综合分析第四纪沉积物特征及沉积环境、新构造演化特征。

5. 判读步骤 初学者在判读时，应先从地形入手，然后观察地层、沉积物类型、构造等，从点到面，从局部再到整体地进行分析，然后分析局部内特点，逐步向外扩展，全方面把握宏观第四纪地质特征。

6. 注意事项 判读第四纪地质图时，应关注以下几个方面的问题。

（1）地貌的分析 通过地形等高线、山系及水系的特征，了解区域内地貌类型及时空分布特征，分析地貌的发育过程、组合状况，研判演化趋势。因为地貌研究地球表面侵蚀与堆积关系，而地表形态大都形成于第四纪。第四纪堆积物是近期地貌演变的载体，而一些堆积地貌的发展形成进程，就是第四纪沉积物的形成过程，地貌形态特征、成因、分布及演化是第四纪地质综合分析的基础。

（2）判读地层与地层、火山岩体与地层的接触关系 研判第四系地层之间是否为整合接触关系、平行不整合和角度不整合接触关系，第四纪火山岩体与第四系地层是否为侵入接触及沉积接触关系，分析第四系地层、岩性、地貌及成因类型。

（3）沉积物成因类型的判读 第四系地层组成物质是各种不同成因的沉积物，结合地貌类型及各地质历史时期岩性特点，研判出不同成因，如坡麓地带的坡积物、河流三角洲的冲积物、黄土高原的黄土和沙漠中的风积物等，结合第四纪沉积物类型、成因及分布规律的分析研判，还原第四纪沉积环境，进而研究第四纪的气候及新构造运动。

（4）构造形迹的判读 判读新构造运动形迹方法和地质图地质构造的方法一样，褶皱构造形成的相对时代，应形成于被其包含的最新地层时代之后和覆盖该褶皱（呈角度不整合）的最老地层时代之前。断层构造发生的相对时代，应形成于被该断层所切割的最新地层时代之后和覆盖该断层（未被切割）的最老地层时代之前。第四系地层中的变形，也可由非构造变动形成，在大比例尺第四纪地质图中，要注意研判由重力、冻融及其他外动力所造成的断层和褶皱构造变形。

（5）第四纪地质历史分析 这既是学习判读第四纪地质图的最终目的，也是检验第四纪地质学习的最重要的一个环节。通过对第四纪地质图的综合分析，了解区域第四系地层的组成、年代、地貌类型、新构造特点、沉积序列、环境变迁等基本信息，要进行归纳概括，重溯第四纪地质历史，再现当时的气候和环境。

（二）判读泸江两岸第四纪地质图

1. 教师讲解泸江两岸第四纪地质图阅图要领。

2. 教师指导学生阅图，了解泸江两岸地层时代和沉积物成因类型。

3. 分析泸江两岸第四纪地质发展史。

五、实验报告

根据泸江两岸第四纪地质图（图1-3-14）编写泸江两岸第四纪地质发展史。

图 1-3-14　泸江两岸第四纪地质图

（引自曹博勋，1995）

　　1. 全新统河漫滩冲积砂层（Qh^{al}）　2. 上更新统第一阶地冲积砂砾（Qp^{3-2al}）、黄土　3. 上更新统第一坡积砾石（Qp^{3-2dl}）、黄土　4. 上更新统第二级阶地冲积砂砾（Qp^{3-1al}）、黄土　5. 上更新统第二坡积黄色亚黏土（Qp^{3-1dl}）　6. 中更新统残余冲积砂砾（Qp^{2al}）　7. 中更新统洪积黄土（Qp^{2-2pl}）（第一洪积扇）　8. 中更新统洪积亚黏土夹砂砾（Qp^{2-1pl}）（第二洪积扇）　9. 下更新统洪积亚黏土（Qp^{1pl}）、砂砾（第三洪积扇）　10. 下更新统湖相沉积黏土（Qp^{1l}）、砂、砾石　11. 第四纪残坡积角砾（Q^{edl}）　12. 上新统湖泊沉积红色黏土（N_2^1）　13. 前新近纪基岩（AnN）　14. 标高点　15. 等高线（m）　16. 钻孔及编号　17. 图横剖面方向

六、作业

1. 分析泸江两岸地貌的类型。
2. 判读泸江两岸河谷阶地的类型和河流的发育历史。

实验十三　地形图的使用和地质剖面图的绘制

一、实验目的

1. 了解地形图的基本概念和使用方法。

2. 认识地形图上表示的各种地形地貌，初步了解地形图所在区域范围内水文、地貌及其组合方式等，为野外实习打基础。

3. 理解地质剖面图的含义，并在此基础上加深对地质图的理解。

4. 学会绘制地形地质剖面图与地质剖面图。

二、实验材料

1∶10 000，1∶50 000，1∶100 000 地形图各 1 张；三角板；铅笔；绘图纸等。

三、实验内容

1. 熟悉地形图中的图式符号，了解不同符号反映的地形、地物特征。

2. 熟悉地形图中水文、地貌及其组合方式的特征。

3. 熟悉地质剖面图并学会地形地质剖面图的绘制。

四、地形图的概念及使用

1. 概念　地形图的使用是指利用地形图所进行的判读、量算、行进、组织计划等工作。地形图是表示地形、地物的平面图件，是用测量仪器把实际地形、地物测量出来，并用特定的方法按一定比例缩绘而成的。它是地面上地形和地物位置实际情况的反映，是地貌研究的重要工具。

2. 地形图的内容和表示方法

（1）比例尺是实际的地形情况在图上缩小的程度　因为地面上地形与地物不可能按实际大小在图上绘出，必须按一定比例缩小，因此地形图上的比例尺也就是地面上的实际距离缩小到图上距离之比数，一般有数字比例尺、直线比例尺和自然比例尺，往往标注在地形图图名下面或图框下方。

①数字比例尺：数字比例尺是用分数表示，分子为 1，分母表示在图上缩小的倍数，如万分之一则写成 1∶10 000，二万五千分之一写成 1∶25 000。

②直线比例尺：直线比例尺或图示比例尺，标上一个基本单位长度所表示

的实地距离。

③自然比例尺：把图上 1 cm 相当于实地距离多少直接标出，如 1 cm＝200 m。

此外，比例尺的精度也是一个重要的概念。人们一般在图上能分辨出来的最小长度为 0.1 mm，所以在图上 0.1 mm 长度按其比例尺相当于实地的水平距离称为比例尺的精度。例如比例尺为 1∶1 000，其 0.1 mm 代表实地 0.1 m，故 1∶1 000 的地形图的精度为 0.1 m。

从比例尺的精度可以看出不同比例尺的地形图所反映的地形的精确程度是不同的，比例尺越大，所反映的地形特征越精确。

（2）地形的符号

①地形的符号一般用等高线表示：等高线是地面同一高度相邻点之连线，等高线的特点为同线等高，即同一等高线上各点高度相同；自行封闭，即各条等高线必自行成闭合的曲线，若因图幅所限不在本幅闭合必在邻幅闭合；不能分叉，不能合并，即 1 条等高线不能分叉成 2 条，2 条等高线不能合并成 1 条（悬崖、峭壁除外）。

等高线是反映地形起伏的基本内容，从这个意义上说地形图也就是等高线的水平投影图。黄海平均海平面是计算高程的起点，即等高线的零点，按此可算出任何地形的绝对高程。

等高距是切割地形的相邻两假想水平截面间的垂直距离。在一定比例尺的地形图中等高距是固定的。

等高线平距是在地形图上相邻等高线间的水平距离，它的长短与地形有关。地形坡缓，等高线平距长，反之则短。

②各种地貌用等高线表示的特征：

Ⅰ.山头与洼地：从图 1-3-15 中可见山头与洼地都是一圈套着一圈的闭合曲线。但它们可根据所注的高程来判别。封闭的等高线中，内圈高者为山峰（图 1-3-15A），反之则为洼地（图 1-3-15B）。

2 个相邻山头间的鞍部，在地形图中为 2 组表示山头的相同高度的等高线各自的封闭相邻并列，其中间处为鞍部（图 1-3-15C）。

2 个相邻洼地间为分水岭，在图上为 2 组表示凹陷的相同高度等高线各自封闭，相邻并列（图 1-3-15D）。

Ⅱ.山坡：山坡的断面一般可分为直线（坡度均匀）、凸出、凹入和阶梯状 4 种。这 4 种山坡断面的等高线平距的稀密分布不同。均匀坡，相邻等高线平距相等。凸出坡，等高线平距下密上疏。凹入坡，等高线平距下疏上密。阶梯状坡，等高线疏密相间，各处平距不一。

图 1-3-15　山头与洼地等高线特征

图 1-3-16　山脊与山谷等高线特征

Ⅲ．悬崖、峭壁：当坡度很陡成陡崖时等高线可重叠成一粗线，或等高线相交，但交点必成双出现。还可能在等高线重叠部分加绘特殊符号。

Ⅳ．山脊和山谷：山谷和山脊几乎具有同样的等高线形态（图 1-3-16），因而要从等高线的高程来区分，表示山脊的等高线是凸向山脊的低处（图 1-3-16A）；表示山谷的等高线则凸向谷底的高处（图 1-3-16B）。

Ⅴ．河流：当等高线经过河流时，不能垂直横过河流，必须沿着河岸绕向上游，然后越过河流再折向下游离开河岸（图 1-3-17）。

③地物符号：地形图中各种地物是以不同符号表示出来的，有比例符号、非比例符号、线性符号 3 种。比例符号是将实物按照图的比例尺直接缩绘在图上的相似图形，所以也称为轮廓符号。非比例符号是当地物实际面积非常小，以致不能用测图比例尺把它缩绘在图纸上，常用一些特定符号标注它的位置。线性符号是长度按比例，而宽窄不能按比例的符号，某种地物成带状或狭长形，如铁路、公路等其长度可按测图比例尺缩绘，宽窄却不能按比例尺缩绘。

130
120
110
100

图 1-3-17　河流等高线特征

以上 3 种类型并非绝对不变的，对于采用哪种符号取决于地形图的比例尺，并会在图例中标出。

3. 读地形图　阅读地形图的目的是了解、熟悉工作区的地形情况，包括对地形与地物的各个要素及其相互关系的认识。因而不但要认识地形图上的山、水、村庄、道路等地物地貌现象，还要能分析地形图，把地形图的各种符号和标记综合起来连成一个整体，以便利用地形图为地质工作和土地规划等服务。阅读地形图的步骤如下。

（1）读图名　图名通常是用图内最重要的地名来表示。从图名大致可判断地形图所在的范围。

（2）认识地形图的方向　除了一些图特别注明的方向外，一般地形图方向为上北下南，左西右东。有些地形图标有经纬度，则可用经纬度确定方向。

（3）认识地形图图幅所在位置　从图框上所标注的经纬度可以了解地形图的位置。

（4）了解比例尺　从比例尺可了解地形图面积的大小、地形图的精度以及等高线的距离。

（5）读地形分布特征　结合等高线的特征读地形图内山脉、丘陵、平原、山顶、山谷、陡坡、缓坡、悬崖等地形的分布及其特征。

（6）结合图例了解该区地物的位置　如河流、湖泊、居民点等的分布情况，从而了解该区的自然地理及经济、文化等情况。图 1-3-18 所示为某地区地形图。

4. 利用地形图制作地形剖面图　地形剖面图是以假想的竖直平面与地形相截而得的断面图。截面与地面的交线称为剖面线。地质工作者经常要作地形剖面图，因为地质剖面与地形剖面结合在一起，才能更真实地反映地质现象与空间的联系情况。地形剖面图可以根据地形图制作出来，也可在野外测绘。利用地形图制作地形剖面图的步骤如下。

图 1-3-18　某地区地形图

图 1-3-19　利用地形图作地形剖面图

（1）绘剖面线　在地形图上选定所需要的地形剖面位置，绘出 AB 剖面线。

（2）作基线　在方格纸上的中下部位画一直线作为基线 $A'B'$，定基线的海拔高度为 0，亦可为该剖面线上所经最低等高线之值，图 1-3-19 最低等高线值为 500 m。

（3）作垂直比例尺　在基线的左边作垂线 $A'C'$，令垂直比例尺与地形图比例尺一致，则做出的地形剖面与实际相符。如果是地形起伏很缓和的地区，为了特殊需要也可放大垂直比例尺，使地形变化显示得明显些。

（4）垂直投影　将方格纸基线 $A'B'$ 与地形图基线 AB 相平行，将地形图上与 AB 线相交的各等高线点垂直投影到 $A'B'$ 基线上面各相应高程上，得出相应的地形点。剖面线的方向一般规定左方就北就西，而剖面的右方就东就南。

（5）连成曲线　将所得的地形点用圆滑曲线逐点依次连接而得地形轮廓线。

（6）加标注　标注地物位置、图名、比例尺和剖面方向，并加以整饰，使之美观。

5. 利用地形图在野外定点　在野外工作时，经常需要把一些观测点（如地质点、矿点、工点、水文点等）较准确地标绘在地形图中，区域地质测量工作中称其为定点。利用地形图定点一般有 2 种方法。

（1）目估法　在精度要求不很高时（在小比例尺填图或草测时）可用目估法进行定点，也就是说根据测点周围地形地物的距离和方位的相互关系，用眼睛来判断测点在地形图上的位置。

用目估法定点时首先在观测点上利用地质罗盘仪使地形图定向，即将地质罗盘仪长边靠着地形图东边或西边图框，整体移动地形图和地质罗盘仪，使指北针对准刻度盘的 0°，此时图框上方正北方向与观测点位置的正北方向相符，也就是说此时地形图的东南西北方向与实地的东南西北方向相符。这时一些线性地物如河流、公路的延长方向应与地形图上所标注的该河流或公路相平行。

在地形图定向后，注意找寻和观察观测点周围具有特征性的在图上易于找到的地形地物，并估计它们与观测点的相对位置（如方向、距离等）关系，然后根据这种相互关系在地形图上找出观测点的位置，并标在图上。

（2）交会法　在精度要求较高比例尺稍大时，则需用交会法来定点。首先要使地形图定向（方法与目估法相同）。然后在观测点附近找 3 个不在一条直线上且在地形图上已标注出来的已知点（如三角点、山顶、建筑物等），分别用地质罗盘仪测量观测点的方位，然后再在图上找到各已知点，用量角器作图，在地形图上分别绘出通过 3 个已知点的 3 条测线，3 条测线之交点应为所求的测点位置。如 3 条测线不相交于一点（因测量误差）而交成三角形（称为误差三角形），测点位置应取误差三角形的小点。

具体应用此法时应注意 2 点：①量测线方向时，如地质罗盘仪对着已知点瞄准，则指南针所指读数为所求观察点的方位，指北针所指读数则是已知点位于此观测点的方向。为了避免混乱，一般采用地质罗盘仪长测望标对着未知方向（所求点的方向）读指北针。②用量角器将所测的测线方向画在图上时应注意采用地理坐标而不是按地质罗盘仪上所注方位。

实际工作时往往将目估法和交会法同时并用，相互校正，使点定得更为准确。例如用交会法画出误差三角形后，用目估法找出测点附近特殊的地形地物和高程来校对点的位置。

五、地质剖面图的绘制

1. 地形地质剖面图与地质剖面图的概念

（1）地形地质剖面图　为了更全面了解一个地区地质体的特征及在空间的变化规律，一般要做地形地质剖面图，因为地质剖面与地形剖面结合一起，才能更真实地反映地质现象与空间的联系情况。地形地质剖面图是依地质图上某一直线，把平面图上的地形、岩层和构造特征等绘制成垂直断面图。

（2）地质剖面图　为了解和表示一个地区地质构造在剖面上的特点，可以在地形地质剖面图上通过所要了解的方向作地质剖面图。地质剖面图是反映沿某一方向的地下深度内的地质构造情况的图件，它可以根据地形地质图绘制出来，也可在野外测绘（图1-3-20）。

图1-3-20 地质剖面图

2. 地形地质剖面图与地质剖面图的绘制步骤

（1）选剖面线　剖面线要尽量垂直于区内构造线和地层走向线（这样可使剖面图上地层倾角和平面图上一致，而不需要再进行换算）；尽量切到该区全部出露的地层和构造类型，以及不同的地貌类型，使剖面图具有代表性。

（2）定比例尺　剖面图的水平比例尺通常与地质图的比例尺相同。为了更显著地表现地形的起伏，常将垂直比例尺适当放大，但放大倍数不宜太大，否则将会使小丘变成高山，缓坡变为陡崖，使地形失真。在方格纸上画一条水平线作为基线，其左端向上画一垂直线，以剖面线通过的最低标高作为起点，按已确定的垂直比例尺标在高程上，即在水平线上方得到许多高程点。

（3）作地形地质剖面图　在方格纸上定出剖面基线，两端画上垂直线条比例尺，并注明标高。基线标高一般比剖面所过最低等高线高度要低1~1.5 cm。然后将地质图上的剖面线与地形等高线相交各点一一投影到相应标高的位置，按实际地形用曲线连接相邻点即得地形剖面。用圆滑的曲线顺序连接各点，得到地形地质剖面图，并在其上注明主要的地物名称，如山岭、公路、河流、村庄等。

（4）作地质剖面图　将剖面线与地质界线的交点投影到地形剖面图上。根据岩层和地质构造产状要素作地质剖面图，并标注岩层的产状和时代符号。断层和接触关系等也应在剖面上有所表示。

（5）图的修饰　地质剖面图上不同时代的地层用规定的花纹、颜色、符号表示，再标明比例尺、图例、剖面线代号、剖面线方向、绘图日期、绘图者。

六、作业

1. 根据红水河地区岩层地形地质图作 AB 地质剖面图（图1-3-21）。
2. 根据花山—珠山地区倾斜岩层地形地质图作 AB 地质剖面图（图1-3-22）。

图1-3-21　红水河地区水平岩层地形地质图

AB 地质剖面图

水平比例尺 1 : 50 000

垂直比例尺 1 : 25 000

图　例

泥盆系砂岩　　　燕山期花岗岩　　　地质界线

志留系页岩　　　花岗岩的倾向　　　等高线

奥陶系石灰岩　　岩层的产状　　　　剖面线

图 1 - 3 - 22　花山—珠山地区地质图

>>>实验十四　潜水埋藏深度图的绘制<<<

一、实验目的

1. 学会潜水埋藏深度图的绘制方法。
2. 初步学会阅读和利用潜水埋藏深度图，分析潜水面的空间变化规律，并能确定不同时期潜水与地面水的补给、排泄关系等。

二、实验内容

1. 据所给资料绘制潜水埋藏深度图。
2. 绘出潜水的流向。

三、绘图必需用品

1. 坐标纸（10 cm×30 cm）1 张。
2. 一般铅笔、橡皮、尺子、彩色铅笔等。

四、绘图原理和方法

　　潜水的埋藏深度是指潜水的自由水面至地面的距离。由于潜水面是随着地点、时间、环境条件的影响而不断地变化着的，潜水的埋藏深度也是变化的。例如，多雨的季节潜水得到补给，潜水面上升，则埋藏深度变浅；而干旱少雨的季节，潜水面下降，则埋藏深度变深。就某一地点，在一定的时间内，潜水面是相对稳定或是变化不大的，具有一定的埋藏深度，就可制作这个时期的潜水埋藏深度图。为了说明一个地区潜水埋藏深度的变化情况，应在几个时期分别绘制，进行对比分析，获得所要求的资料。

　　潜水埋藏深度图表示潜水面某一时期在不同地点的埋藏深度的图件，它可以和潜水等水位线图重合在一张图上，也可单独编制。

　　1. 确定划分埋藏深度带的间距　　其间距的大小要根据比例尺的大小、资料的多少来确定。小比例尺采用的间距要大一些，大比例尺间距可小一些。本次实验的埋深间距采用 2 m，分 4 个等级：0～2 m、2～4 m、4～6 m、大于 6 m。

　　2. 在图中标出所有观测水点的潜水埋深　　当有等水位线图时，计算出等水位线与地形等高线相交处的潜水埋深。用内插法查出需要的点，然后考虑地形把埋深相同的各点用圆滑的曲线连接起来即可。勾绘时，可以从最大值或最小值的点开始，与周围相比较，用目估比例法勾画出分区的界线的等值线（圆滑曲线）。如果确定潜水埋深 4～6 m 的地区范围，需要把潜水埋深为 4 m 和

6 m的等值线绘出来，就能得到4～6 m 的埋深分区。凡是在4～6 m 的潜水埋深点，可直接围在区内。钻孔或试坑的潜水埋藏深度值，一般不会恰好等于4 m或6 m，有深有浅，在允许误差范围之内，可用目估比例法来勾绘等值线。如相邻两钻孔 A 和 B 的潜水埋藏深度分别为3 m 和9 m，求潜水埋藏深度为5 m的 C 点位置？用直尺量得 A 和 B 之间的距离为6 cm，A 和 B 两点潜水埋藏深度值相差6 m，那么潜水埋藏深度1 m 相当于图上的1 cm，要求潜水埋藏深度为5 m的 C 点，与 A 点潜水埋藏深度相差2 m，则 C 点的位置在距 A 点2 cm 处，即是把 A 和 B 之间的潜水埋藏深度差平均分配在 A 和 B 之间的距离上。倘若 A 和 B 之间的距离为9 cm，那么 C 点的位置在距 A 点3 cm 处。其他依次类推。

3. 用不同的颜色表示不同的埋藏深度带 潜水埋藏深度由浅到深，着色也应由浅色到深色，每一埋藏深度带的颜色必须鲜明易分。

潜水埋藏深度图代表一个地区一定时间范围内，潜水的分布状况，在判读潜水埋藏深度图时应注意：①不同地点潜水的埋藏状况，及其与地形、地表水的关系。②不同地点潜水的埋藏状况与相应部位的土壤盐分状况、区域性盐渍化的关系。③不同时期不同条件、潜水埋藏深度的变化情况。④潜水埋藏与各种排灌水利条件、农业技术措施的关系。

五、作业

1. 完成某地区潜水埋藏深度图（图1-3-23），并进行分区：潜水埋藏深

比例尺 1：10 000

图1-3-23 某地区潜水埋藏深度图

度 $d=0\sim2$ m、$d=2\sim4$ m、$d=4\sim6$ m、$d>6$ m。

2. 说明不同地点潜水的埋藏状况，及其与地形、地表水的关系。

3. 说明潜水埋藏深度图的意义。

实验十五 潜水等水位线图的绘制

一、实验目的

1. 掌握潜水等水位线图的绘制方法。
2. 初步学会阅读和利用潜水等水位线图。

二、实验内容

1. 依据所给资料，绘制潜水等水位线图。
2. 标出潜水流向（潜水由高水位流向低水位，过某一点的潜水流向垂直于过这点的等水位线）。
3. 分析潜水面的形状及其影响因素。

三、资料及用品

1. 与测绘要求比例尺相应的地形底图。
2. 各井、泉、钻孔、试坑等水文地质点的实际资料（如编号、水位标高、潜水埋藏深度等资料）。
3. 当地表水与潜水有水力联系时，区内地表水在该时期的水位资料（已知区内测水站×年×月×日测得该处河水的绝对标高为 122.0 m，所有地段河水坡降等于 0.2%）。
4. 透明坐标纸 1 小张、大头针 2 枚、铅笔、橡皮、尺子等。

四、绘图方法

1. 对地下水位观测点进行编号　先将全部地下水位观测点进行编号，并用相应的图例及格式标定在地形图上。

$$\text{水点编号} \sharp \frac{\text{水位标高}}{\text{潜水埋深}} \left(11 \sharp \frac{122.5}{1.0} \right)$$

2. 确定等水位线等高间距　等水位线等高间距是根据绘图的目的、比例尺的大小和观测点的多少而定。比例尺大，观测点多，等高间距放小一些。比例尺小，观测点又少，等间距应放大一点。一般等高间距为 1 m、2 m、5 m，个别为 10 m。

3. 绘制潜水等水位线图　根据相邻观测点的水位标高，用内插法求出各点之间一定间距的水位标高。把相同标高的各点连接起来，并标出地下水流向，就构成潜水等水位线图。

内插的方法有：①透明坐标纸法；②作图法；③计算法；④目估法。利用透明坐标纸法，既准确又迅速，是目前常采用的一种方法。其做法如下。

（1）确定等值线　取一长方形透明坐标纸，其长度应大于区内相邻两点的最大距离。在图上按不同比例选取一定间隔作为等水位线图的等高间距，各线即为等值线。

（2）内插法确定水位标高　内插法只在两点间潜水面连续分布，水位标高是单调变化的条件下适用。若 A 和 B 两点间需内插点，首先在透明坐标纸上找到与该点（如 A 点）水位标高相同的等值线，然后将透明纸盖在底图上，使之与 A 点重合，用大头针固定。以 A 点为中心旋转透明坐标纸，使 B 点与透明坐标纸上相同的等值线相交。此时不再移动透明坐标纸并用直尺连接 A 和 B 两点，此连线与透明坐标纸上相应等值线之交点即为所求点。此时用大头针在这些交点上往底图上扎针眼，然后将透明坐标纸移开 B 点，将各针眼点标上水位标高值即成。如附近尚有其他各点可与 A 点内插时，则 A 点上的大头针勿拔去，只需转动透明坐标纸，依上述同样方法即可。

五、注意事项

1. 测量各点水位工作是在有代表性的季节内进行　如洪水期、平水期或枯水期选择某一时间同时测定（避免在雨后立即测量）。实地测量的是潜水的埋藏深度，经换算后，得潜水面绝对标高。测量工作最好在清晨居民未用水前进行。

2. 在潜水位变化最大的方向选择邻近的两点进行内插　潜水面的形状主要取决于地形的变化，多与地形的变化大体一致，但比地面坡度平缓得多，在局部地段潜水面形状还与隔水底板的产状、含水层的透水性有关。潜水面多是曲面，并且各处潜水面的坡度不等。因此，在内插点时，只能在潜水位变化最大的方向选择邻近的两点进行。连线时应考虑上述特征，使图件最接近实际情况，切勿机械从事。

3. 潜水面露出地表的地段，埋藏深度等于零　泉和沼泽的分布区，都是潜水面露出地表的地段，这里的潜水埋藏深度等于零。

4. 潜水与地表水体之间的水力联系　当潜水和地表水体之间有直接水力联系时，岸边各点地表水位应与地下水位一致；地表水体各点水位按测水站水位及河流坡降推定，而等水位线不能穿越河流，只能连到岸边；垂直河流截面的河水面视为水平的，在潜水等水位线图上，同一条等水位线在河流两岸应在一个高度上。当潜水与地表水无水力联系时，等水位线可穿越河流。

5. 用圆滑曲线连接各点　连接相同各点时，要用圆滑曲线，不能用折线。

六、作业

1. 绘制沙河地区潜水等水位线图（图1-3-24），并标出潜水流向。

2. 从图件分析潜水可能从哪些方面获得补给？潜水又排泄到哪里？

3. 本区潜水面形状有何特征？受哪些因素影响？

图1-3-24 沙河地区潜水等水位线

4. 确定地下水与地表水的补给、排泄关系。

5. 为什么测量潜水水位时要在同一时间内进行？不在同一时间是否可以？

6. 当地表水与地下水有水力联系时，河流两边的观测点能否进行内插？为什么？

7. 为什么在内插时，只能在邻近的两点间进行？不相邻的 2 个观测点为什么不允许内插？

8. 为什么在绘制潜水等水位线图时，要考虑沼泽和泉？不考虑可以吗？

第二部分 野外实习

■ 一、 野外实习的基本工作方法

（一）拟订实习计划和工作方案

为使野外实习顺利进行，必须拟订切实可行的实习计划和工作方案。由于两者比较接近，现以实习计划说明野外实习主要内容。

实习计划一般由负责野外实习的教师共同拟定。实习指导教师最好由主讲教师担任，这样能比较顺畅地将课堂知识与野外实践知识结合起来。如主讲教师不能外出，负责实习的指导教师要求了解课堂讲授的内容，熟悉实习地区的地质地貌情况，掌握野外工作的基本方法。

实习计划主要包括以下内容。

1. 实习题目 实习题目或实习环节名称。

2. 参加实习的教师和学生 实习指导教师要准确写明其所在的院系及教研室，参加实习的学生要写明专业、年级和班级。此外，还应确定准确的实习人数、实习的起止时间、实习的地点。

3. 实习的目的及任务 除写明实习教学在课程学习中的地位和作用、地质地貌学对野外工作的特殊要求等内容外，还应写明专业培养方案及教学计划对野外实习的规定和安排。

4. 实习内容 首先应总体介绍拟实习地区的基本条件，主要的气象、水文、社会、经济、地质、地貌情况。然后介绍实习中需要观察的地质地貌现象：矿物、岩石、地层、化石、构造、矿产、内外动力地质作用、各种地貌现象、地质灾害等。

地质地貌工作的基本技术和方法也是实习的重要内容：地质罗盘仪的使用、岩层和构造面产状的测量、岩石矿物的肉眼鉴定、手标本的采集、地质平面图和剖面图的实测和绘制、素描的训练、地质地貌图的使用等，通过这些训练，提高学生的基本技能。

实习报告的编写，是一项综合性的训练，具体内容和要求见"（三）野外地质观察记录的内容"。

5. 实习过程安排　实习时间要紧凑有序，每天的实习内容要充实、具体。若围绕学校去不同方向实习，尽量一天工作结束后返回学校。若需连续在外实习，尽可能不走回头路，安排成环行或往返不同的路线，以增加实习内容，使野外教学更加丰富多彩。如果有现成的实习地区交通简图，在实习计划中将实习路线标注在地图上，效果更好。

6. 吃住行及其他后勤保障的安排　后勤工作准备的充足与否，对实习的成败具有直接影响。吃住的时间、地点、人数（住宿还要说明男女人数）、标准等都要逐项落实，最好能事先确定。若带车实习，车的型号、座数、条件要明确，司机的食宿等也要事先说明。实习时如人数较多，在野外时间较长，可以考虑安排随队医生，以保证及时应付可能出现的伤病。如条件不具备，应由医生专门配备必要的药品器械随队携带，由具有一定医疗常识的实习人员携带和管理。

7. 经费的预算及落实　经费预算要准确和实事求是，考虑要周全。如车票、租车费、过路过桥费、停车费、门票、住宿费、药品费、材料费等都要计划到。做预算要从实际出发，大体根据可能得到的经费匡算，要留有余地，避免因经费不够而临时改变实习计划。做出的经费计划一定要得到主管部门的批准，若预算高于批下来的经费，应及时修改实习计划，并将修改后的计划再次呈报。

如果有必要，实习方案稍加改编就可以形成一份"野外实习指南"或"野外实习指导"，提供给参加实习的有关人员作为参考。

（二）准备工作和实习要求

1. 准备工作

（1）人员组织　外出实习前必须落实参加实习的准确人数，一般每个教学班配备 2 名指导教师，才能组织和管理学生实习，随时解答学生提出的各种问题。如没有特殊原因，凡学习本课程的学生都应参加野外实习。如有特殊情况实在不能参加实习的，经领导和老师批准办理相关手续，野外实习课没有成绩。如实习学生较多、外出时间较长，学校或院系应派教学管理人员参加。其他参加实习的人员（如上级部门检查教学实习的领导、进修人员、特聘的指导人员等）也必须逐一落实，以免在野外出现意外。

（2）思想及业务准备　学生以前很可能没有接触过野外实习，对实习充满了好奇和向往，可能还有的同学把实习看成是游山玩水或旅游观光。因此要让学生知道，野外实习是课程学习的重要组成部分，是地质地貌学教学必不可少的一个重要环节。野外实习非常艰苦，要让学生做好吃苦的思想准备。实习过程中的具体要求，要向学生讲清楚。

外出实习前，抽出一定的时间让学生复习一下课堂教学中学习的内容，特别是与实习地区密切相关的内容，指导教师要重点地讲述，使学生在实习时理论联系实际，更好地认识和理解各种地质现象。在野外需要掌握的基本技能，如地质罗盘仪的使用，也需要在校内预先练习。

（3）资料准备

①图件：地形图是基本图件，野外工作和写实习报告时都要用。各种地质图，如综合地质图、构造地质图、水文地质图、第四纪地质图、矿产图、地貌图等都是必需的专业图件。相关专业的图件，如土壤图、土地资源图等也是重要的参考图。交通图可以提供行动的方便。旅游图也能提供一定的专业知识，尽管它不是为介绍专业知识而编制的。

②文字资料：实习地区有关的自然（地形地貌、气候、植被、土壤、水文、土地等）资料、社会经济资料；若为旅游区，有关景区介绍的书籍或小册子也可以搜集，这类资料可以丰富实习内容，陶冶学生情操；还包括地质部门的报告、前人在本区的研究论文和其他成果。

③遥感资料：实习地区的航空照片或卫星照片，当然电子资料也可。

（4）物质准备　地质工作者野外工作时经常身挎一个地质包，学生野外实习同样用得着。地质包内一般装有以下工具：军用铁锹、地质罗盘仪、放大镜、望远镜、磁铁、小刀、镊子、地质锤、卷尺、水壶等。地质包不需要人手一个，大约每组有一个就可以满足需要。

在野外有时还需要进行某些简单的化学实验来鉴定矿物、岩石、化石或沉积物，所以也需要准备一些化学药品及相应的材料和器械。可以装备一个野外简易化学鉴定分析箱，化学药品根据需要而定，如鉴定碳酸盐需带盐酸，鉴定磷酸盐需带硝酸和钼酸铵。附带的材料和工具有酒精灯、试管、玻璃片、瓷板、滤纸等。如需测定土壤或沉积物的酸度，混合指示剂也需要带。

如果实习人员较多或实习地点分散，通信工具也是必要的，如旗子、哨子、喇叭、对讲机等。手持喇叭野外讲课时也用得着。若进行剖面实测或路线调查，还需要带必要的测量、绘图用的仪器和工具。其他常用的学习用具可布置学生自带。如果有条件还可带上照相机和卫星定位仪等仪器。

（5）预习　实习前一定要预习。只有通过预习，才能了解实习地区的实际情况，才能做到心中有数。实习的总体安排、实习路线的选择、观察点的确定、讲授的内容，都靠预习来把握。即使已经跑过多次的实习地区，预习仍然是必要的。以前看过的点今年不一定还继续存在。预习还有一个目的，就是了解和确定实习的交通路线和交通方式，以及吃住的条件和地点。

（6）后勤保证　后勤保证主要是指与实习有关的学习和生活条件。例如外出实习需要乘车，乘火车可以购团体票，乘汽车需要租车，都必须事先安排。实习师生人数较多，如需在外面留宿时，住宿条件一定要保证，尤其是偏远地区。饮食也要妥善解决，最好找一个机关或学校食堂或较大的饭店集中就餐，既安全又卫生。医疗保健器具、防寒防雨用具、劳保用具（手套、登山鞋等）、通信工具、学习用具等都要落实，以保证在野外顺利完成教学任务。

（7）经费　按照上级批准的预算准备好实习经费，实习经费要由专人管理。经费的支出必须由带队教师统一支配。数额较大的钱的支出尽量在室内，如车费可以在学校或公司结算。

2. 野外实习要求　由于地质地貌学作为专业基础课是放在大学低年级讲授的，野外实习与校内课堂学习有很大差异，学生在这方面的知识和技能非常缺乏。因此必须向学生讲清楚野外实习的要求，以圆满完成实习任务。野外实习的基本要求包括以下内容。

（1）穿着适当　野外实习环境与校内有很大差别，要注意穿衣方便。由于要走路爬山，可穿运动鞋或旅游鞋，不能穿高跟鞋，塑料凉鞋也是不可取的。女同学夏天不要穿裙子，可以戴太阳帽防晒。

（2）服从指挥，令行禁止　在野外行动管理比较困难。在实习点上学生站得比较分散。当由一个观测点向另一个观测点转移时，队伍又会拉得很长。这样给讲课带来很大困难，也浪费时间。因此学生一定要听从老师指挥，行动迅速，队伍集中，观察时抓紧看，转移时不拖泥带水。

（3）离开队伍要请假　集体转移时，经常会有个别同学落下而与队伍脱节，甚至走失。所以某个同学有事离开集体时一定要向老师、班（组）长报告或告诉其他同学。

（4）认真听讲和记录　学生在野外感到很新鲜，注意力易分散，如果不能很好地约束自己，就不能达到实习效果。在野外应当始终围绕在老师周围多听、多问、多记，这样才能写出一份合格的实习报告。

（5）开动脑筋，练就一双"地质眼"　野外的地质现象丰富多彩，正是同学们将课堂知识用于实际的大好机会。提出问题，用学过的知识综合分析问题；解决问题，不但能使实习报告写得好，甚至还可以在学术刊物上发表科研论文。

（6）增强动手能力　在实习过程中不仅要动脑，还要动手。熟练使用地质罗盘仪、采集合格标本、正确辨认化石、实测剖面等，都可以训练我们的基本技能。可以对学生提出一定的要求，如采集规定的岩石标本，返校后交实验室作为评定成绩的依据之一。好的标本留在实验室使用，并给采集人一定的鼓励。

（7）注意安全　野外工作安全是第一位的。行车要注意安全，考察也要注意安全。实习经常爬山，悬崖峭壁处尽量不去，必须去时应格外小心。爬山时前面的同学避免蹬下脚下的石头砸伤下面的同学。在山上不要打闹。采集标本时一只手敲打岩石，另一只手要在前面护着，以免崩到周围同学，其他同学也不要站在采集点的前面。

（8）爱护庄稼　在行走、讲解、观察时都要留心脚下，不要损坏了地里长的庄稼。不要贪近路在农民的地里走。

（9）不要破坏文物和景点　实习由于要观察特殊的地质现象和自然景观，经常会将实习点选在当地的景区，在这些地方实习要特别谨慎。在著名的景点和文物（如石碑）上不要敲打或采集标本。

（10）精心使用和保管好实习工具和仪器　带出去的实习用具要登记，实习结束后如数交回。实习过程中仪器要有专人保管，每次用完后都要交还保管人。实习用具若有丢失和损坏要赔偿。

（11）不要丢失保密资料　实习带出的资料有些是保密的，如地形图。保密资料必须精心使用和由责任心强的人保管，保密资料丢失要受处分。

（12）团结互助　外出实习更能表现出班级的班风和学风。譬如出发乘车时，身体好的同学要让晕车的同学先上，男同学要让女同学先上。爬山时要相互照顾。

（13）尊敬老师和司机　老师和司机一般年龄大，责任也大，实习中格外辛苦一些。学生应体谅和照顾他们，保证实习顺利进行。对从校外请来的指导教师更要特别尊敬。

（14）注意当代大学生的形象　在外面更要注意“五讲四美”，不要做出有损于学校声誉的事。一举一动都要体现大学生的良好素质。

（15）遵守地方法规　每到一个地方都应遵守当地的法律法规，特别像景区和军事驻地等特殊区域，冬天应当注意防火。

（16）写好实习报告　实习完要认真写好实习报告并上交。

（三）野外地质观察记录的内容

野外记录是保留的第一手资料，非常重要。野外记录的内容包括：①时间；②观察点编号；③经纬度与海拔高度；④观察点的观察内容。

1. 地层与岩性　地层与岩性观察包括的内容有地层时代、岩石出露情况、每种岩石名称、厚度、产状、岩石或地层之间的接触关系、岩石的颜色、矿物成分、含量、矿物的特征、岩石的结构和构造。

2. 岩浆活动与岩浆岩　岩浆活动与岩浆岩的观察包括岩体形成的时代、

岩体的形态和规模、岩体与围岩的接触关系、接触带的地质特征、岩体内部的相带特征、岩浆侵入体原生构造（流动构造和原生节理）、岩体风化与剥蚀、岩浆岩的岩性特征，包括岩石的颜色、矿物成分、含量、矿物的特征、岩石的结构和构造等。

3. 地质构造

（1）断层　断层观察内容包括断层类型、上下盘岩石的岩性特征和地层时代、断层面的产状、断层的规模，断层的其他识别特征描述，如断层擦痕和镜面、断层角砾岩与糜棱岩、断层泥、拖曳褶曲等特征。

（2）节理　节理观察内容包括节理发育的岩石名称及地层时代、节理的类型、节理成因、节理的产状。

（3）褶皱　褶皱观察内容包括褶皱类型，核部和两翼地层、岩性和产状，褶皱枢纽的位置、倾伏方向和倾伏角。

4. 地貌类型及形态特征　地貌类型及形态特征的观察内容包括地貌类型、特征、规模。

5. 沿途观察内容　上一个观察点至该点沿途所见的地质现象，包括地层、岩性、地质构造、外动力地质作用、地貌等。

6. 地质素描图或示意图或照片　地质素描图或示意图应该注明观察位置、图名、方向、图例、比例尺；照片应注明拍摄地点、时间、相对的比例等。

（四）野外实习报告的编写

1. 实习报告编写的目的和意义　野外实习尤其是较长时间的野外实习结束后，一般都需要编写实习报告。编写实习报告主要的目的如下。

（1）将野外实习的内容记录下来　野外实习中，观察到了大量地质地貌现象，同学们在实习中记笔记、绘素描图、进行实测记录及照相等，这些都需要整理出来。

（2）进行地质思维的训练，建立地学时空观　学生在中学阶段，虽然在地理学及其他学科中接触过地质学的有关内容，但进入大学系统地学习地质地貌学的知识还是第一次。通过编写实习报告，对实习的内容进行全面的总结，可以将实习的内容有机地联系在一起，将专业知识巩固和提高，进行地质思维的基础训练。学生毕业后如果继续接触地质学的相关工作，也可以为编写地质报告等打基础。

（3）培养和提高学生的科研写作能力　地质地貌学作为一门专业基础课，一般都安排在大学低年级。在大学阶段以至以后的工作和学习中，学生也可能要撰写科研论文。实习报告中，已经开始有研究内容的出现，这对学生是十分生疏的。编写实习报告，让学生初步接触科学研究，提高学生的素质和水平，这对今后的学习和工作都是十分必要的。

（4）实习报告是一份重要的资料　由于野外实习对于学习地质地貌学具有重要意义，记录实习内容的实习报告对学习地质地貌学的重要性是不言而喻的。在学习、复习的过程中，实习报告具有不可替代的作用。在以后学习有关专业课程的时候，这门课程的实习报告也是一份很好的参考资料。甚至将来的研究和工作中，这份实习报告还能发挥作用。

2. 实习报告编写的内容　实习报告编写的内容根据实习的内容、课本的内容、专业的要求、教学过程等可以有不同的要求。如北京小西山地质地貌实习报告应包括以下主要内容。

（1）实习区自然经济地理概况　这一部分是要对本次实习区的自然经济地理做一个概括性的介绍，包括的内容有实习区的地理位置、地貌概况、气候条件、社会经济特征和交通状况等。

（2）实习内容

①地层：按照实习区地质年代从老到新分别叙述。可以系、统等来进行划分，也可以群、组、段等进行叙述，要注意二者的对照和结合。特别要说明地层的连续和缺失的特点。其中岩石露头的产状、形态、出露地点、规模、厚度、岩性、与周围岩石的接触关系、生物化石等都要分别介绍。

②岩性：叙述在野外见到的各种岩石的类型、矿物组成、结构、构造、形态、鉴定特征、成因、数量、风化状况、对土壤的影响等。其中农用矿物可以单独进行叙述。岩石按三大类分别叙述其年代、地层、产状、矿物成分、结构与构造、与土壤的关系、地貌特征等内容。如有重要的矿产，也可以放在这一部分进行叙述。

③岩浆岩：阐述实习区出露的岩浆岩类型、岩性、形成时期、岩体的形态、分布面积以及与围岩的接触关系和特征。

④构造运动与地质构造：首先应当介绍实习地区在上级大地构造中的地位和特点，使读者了解地质背景的基本构造轮廓和特征，再介绍相关构造运动，然后说明有哪些地质构造类型，以及其数量、分布、相互关系等。可分别介绍节理、断层、褶皱等主要地质构造。节理要描述它们的成因类型、产状、规模、对岩石的影响、切割关系、对风化过程的影响等。褶皱要描述它们的名称、性质、产状、规模、岩性等。在描述产状时，还应描述褶皱的核部和翼部地层的产状及年代、褶皱的轴面产状、褶皱横剖面和纵剖面的特征等，要说明褶皱存在的证据。断层要描述断层的名称、性质、断层面的产状和特点、断盘的岩层、断距等，也要说明断层存在的标志和证据。

如果叙述方便，构造地貌也可以放在这部分叙述。有可能的话，可以适当穿插一些地质构造的断面图、素描图、照片（航空照片或卫星照片）等，使内容更加生动和直观。

⑤外动力地质作用及其所形成的地貌：由于教材中是将各种外动力地质作用与它们所形成的地貌放在一起讲述的，所以实习报告中也将二者一起叙述。此部分包括岩石的风化情况、风化壳剖面特征等，以及所见到的地表水、地下水等地质作用及其形成的地貌，斜坡地貌也放在此部分。一般外动力地质作用可以按照侵蚀、搬运、沉积 3 种主要方式分别介绍。

（3）综合分析 根据所观察到的矿物和岩石特点、地层的顺序、地层的岩性、地层的接触关系、构造运动和地质构造的性质及特点、岩浆活动、地貌特点等，结合查阅的有关资料，运用所学知识，进行分析和合理推断，恢复和重建本区的地质历史，并恢复其古地理，得出有关的地质地貌概况。这一部分内容逻辑性、说理性较强，要注意得出的结论要有根据和说服力。

（4）对本次实习进行总结 可以谈谈对野外实习的认识、体会、意见和建议等，但不要写成长篇大论。

3. 实习报告的写作要求 由于实习报告与一般的工作报告有明显的不同，因此在编写时要注意以下几点。

（1）文风朴实 如前述，实习报告是一种科技文章，不要求文章华丽、抒情。在报告中将野外实习所见到的地质现象如实地反映出来，能正确地表达自己对这些地质事件的看法并得出正确的结论就很好了。所以语言要朴实，有什么说什么。

（2）实事求是 要如实地记录实习内容，不能凭空臆造和无端猜想，也不要夸大。当然地质事件不能全都耳闻目睹，可以查阅资料、文献，可以推理，但要有根据。依据要充分，逻辑性强，才能得出正确结论。

（3）综合运用所学知识 基础的地质地貌学内容多，体系庞大，这是造成学生学习该课程困难的重要原因。通过对在野外看到的各种地质地貌现象的总结，可以有机地将课堂知识结合起来。如描写地貌部分，就涉及地质学的岩石、地层、地质构造、地质历史、内外力地质作用等各分支内容。

（4）图文并茂 在实习报告中适当地插入各种图片，可以起到直观、画龙点睛，甚至不可替代的作用。插图还可以使报告形式更加活泼、丰富多彩。图件的制作，也是综合运用知识和提高基本技能的过程。图件要规范，在制作插图时尽量采用现成的规范和图式，尤其是地理图和地质图，国家都有详细的统一标准。即使学生自己画的素描图、剖面图、路线图等，也尽可能美观一些，素描图要有图名、方向、比例尺等。

（5）格式统一 实习报告最好用统一的纸张书写。应当制作标准的封面，在封面上注明报告题目，作者姓名、专业、年级，写作日期等。

■ 二、　野外地质调查的基本方法及技能

（一）基本的野外地质调查方法

1. 填图路线与观察点的布置原则和方法

（1）填图路线的布置　地质填图中观察路线的布置，要以地质条件的复杂程度和要解决的主要地质问题为依据，在充分利用遥感图像资料解译的基础上，按照不同基岩出露情况和穿越条件进行布置。一般按穿越路线、追索路线或两者相结合的方法进行。

①穿越路线：穿越路线基本上按垂直于地层（或地质体）、区域构造线的走向布置填图路线。在观察路线上测制地质剖面、观察描述以及素描各种地质现象并标定地质界线，路线之间用内插法或"V"形法则标定地质界线。穿越路线的优点是容易查明地层和岩石的顺序、上下之间接触关系、地质构造的基本特征，且工作量较少；缺点是难以了解 2 条路线之间的地质构造情况。

②追索路线：追索路线是沿地质体、地质界线或构造线的走向布置填图路线。追索路线主要用于追索特定的地层层位（如化石层、含矿层、标志层）、接触界线和断层等，可以详细地研究地质体的横向变化，是准确查明接触关系、断层及地层含矿特征的有效方法。

在野外实际填图过程中，2 种方法需要灵活使用，必要时可结合起来布置路线。一般说来，对于露头良好的地段，以穿越路线为主并辅以追索路线；露头不好或较复杂的地区要有针对性地布置追索路线。

（2）观察点的布置原则和标测方法

①观察点的布置原则：观察点的作用在于能准确地控制地质界线或地质要素的空间位置。其布置原则是能有效地控制各类地质界线和地质要素。一般在地层的填图单位界线、标志层、化石点、岩性明显变化的地点，侵入体的界线、接触带等，节理、劈理、片理、断层和褶皱等构造要素的观测和统计地点，矿化蚀变带、矿体（矿点）等，岩性及产状控制点和各类采样点等均应有观察点控制。观察点布置密度应依据地质条件的复杂程度而定，不能等距离地布置，否则将会漏掉一些有重要地质意义的观察点，或布置一些无效的观察点。

②观察点的标测方法：在地形图上标定观察点的位置必须力求准确。当地形地物标志明确时，可直接目测标定点位；当微地形特征不明显时，则可利用地质罗盘仪测量观察点与已知地形控制点（山头、村庄等）的方位关系，用后

方交会法确定位置。后方交会法，一般应三线交会，其方位线间的夹角应大于45°，以减小误差。如三线相交不在一点，出现视差三角形，则以三角形的重心作点位。如果手边有卫星定位仪，就可以更精确地定位了。

2. 地质路线观察的程序和编录要求

（1）地质路线观察的一般程序　①标定和描述观察点的位置；②研究与描述露头地质地貌特征；③测量和标定地质体的产状要素及其他构造要素；④采集标本和样品，并标绘在信手剖面图上；⑤向两侧追索和填绘地质界线；⑥沿途连续观察和描述，并测绘路线剖面图（信手剖面图或素描图）。

（2）地质路线观察的编录要求　在野外工作过程中，应将观察到的各种地质现象准确、清楚、系统地记录在专用的野外记录簿上（简称野簿）。野外记录是地质人员最宝贵的原始资料，是野外地质工作的成果，也是地质工作一切结论的基础。野外记录的质量直接关系到地质工作的质量，反映了地质人员的工作态度。因此，要求记录认真、格式通用、言语准确、字迹清楚。野外记录的内容包括以下2点。

①文字记录：在野外把所观察到的地质内容按一定规格用铅笔（2H）记录在野簿的右页上。野簿记录除自己看外，还要供他人查阅，是一个地区最原始的地质资料，这完全不同于上课笔记或读书笔记。为使大家都能看懂记录，除文字清晰外，还要按一定格式记录，记录项目有日期、天气情况、地点、观察路线及其编号、路线的起讫和经由地点、任务、人员、使用的地形图编号、观察点号、位置、意义、观察内容、各种测量数据、样品编号、照片编号、路线小结等。其中，观察路线及其编号、观察点号、样品编号、照片编号等应做到统一、顺序编录。对文字记录特作如下要求。

Ⅰ. 文字记录必须在野外当时完成，不能在室内想象或追忆记录。记录内容必须是自己观察到的地质现象，绝对不允许抄别人野簿的内容。

Ⅱ. 记录要认真，文字清晰，条理清楚，格式正确。

Ⅲ. 只能用铅笔（最好是2H），不能用其他笔记录。

Ⅳ. 记错的地方可用铅笔删掉或改正，不能用橡皮擦掉重新写，更不能撕掉。上交野簿时，页码齐全，不能缺失。

Ⅴ. 野簿是专供记录野外地质现象之用，除记录与地质有关的内容外，不得记录任何其他内容。

Ⅵ. 野簿用毕（工作结束），上交所在单位或主管部门保管，不能遗失。如果遗失必须马上报告老师或主管单位。

Ⅶ. 记录产状要素，要另起一行，并用一定的符号表示，如面状地质要素产状表示为：$200°\angle25°$。

②图件记录及拍照：各种地质信手剖面图、素描图等绘在野簿的左页（厘米纸）上，是为了配合文字记录所为。在野外，有些现象较难用文字表达清楚，这时为了更清晰、更形象地把所观察到的地质现象表示出来，可采用图示来表示地质现象。图示能起到简洁、直观、明了、形象地说明地质内容的作用，使阅读者能较快、正确地理解记录者所表示的内容，建立空间概念，这些特点都优于文字记录，有时也优于照片。图件的类型有多种，可根据需要绘制不同的图件。地质实习常用的图件有：素描图、平面示意图、信手剖面图。无论哪种图件，它们都必须具备以下内容：图名、比例尺、方位、图例及所表示的地质内容5个部分。作图要求图面内容正确、结构合理、线条均匀、清晰、整洁美观。

素描图是把在某点观察到的典型且重要的地质内容形象、真实地描绘出来的图件。素描图类似于照相，但又不同于照相，照相是纯直观地反映，不分主次，而素描图则可突出重点，去掉一些次要的部分或干扰因素，观察者可以根据需要取舍，使图面简洁、明了、形象。作图的步骤是：选取地质内容；确定素描图的方位；根据要求确定比例尺；按实际的相对位置勾画地质内容；标出图名、图例等。

平面示意图是把地质现象垂直投影到水平面而绘制的图件。在平面图上表示地质内容的相对位置关系。做法是：选取图面范围（按表示地质内容要求确定）；确定比例尺；勾画地质界线；标出方位、图名、图例、地物名称等。

信手剖面图是把在某一条路线上所观察到的地层、地质构造及地层接触关系等地质现象实事求是地反映在地形剖面图上的图件。剖面图上的地质内容的相对位置是目估或步测的，而不是实测的，故称信手剖面图。但图中所反映的地质现象必须是正确的、真实的，不可虚构。绘图人可以简化复杂的地质现象，把主体内容表示出来，删去次要的内容，使图面更清晰。绘制信手剖面图的做法是：确定剖面线（基线）方位，一般要求与地层走向线或地质构造线垂直；确定比例尺，根据实际剖面的长度，选择适当的比例尺，以便绘出的剖面图不至于过长或过短，同时又能满足表示各种地质内容的需要，使图面美观；按选取的剖面方位和比例尺勾绘地形轮廓（地形线），可根据地形图上的等高线和剖面线的交点分别按高程及水平距离投影到方格纸（野簿的左页）上，然后把各相邻点按地形实际情况连接起来，即成地形线（地形剖面）；将各项地质内容按要求所划分出的单元及产状用量角器量出，投在地形线（地形剖面）相应点的下方（即地质界线与地形线的交点），画地质界线的产状必须用量角器量出，如某一地质界线的产状为 $270°\angle60°$；用各种通用的花纹和代号表示各项地质内容；标出图名、图例、比例尺、剖面方位及剖面上地物名称。

对于有重要意义和代表性的地质现象除要求图件记录外，还应尽量进行拍照，可作为素描图的必要补充。对野外拍摄的地质照片也应进行详细地编录，在记录本或照片登记册中标明照片编号、拍摄地点和方位、摄影参数及拍摄的地质内容。

（3）室内整理　在野外记录的内容（文字、图件、照片等）回到室内要进行整理。原则上文字不能改动，只是由于下雨等种种原因，未来得及记录的内容回到室内可以根据当天采回的标本或回忆加以补充，或者对一些记错的内容加以改正，但必须加上"补充"和"批注"等字样，以免与野外记录相混淆，野簿上的图件要清绘上墨。上墨方法是：用绘图笔蘸绘图墨水或碳素墨水按野外用铅笔画好的线条逐一上墨，补充未完成的内容（如图例、图名等）。

3. 标本和样品的采集送样　在野外，除认真观察地质现象、作记录外，还须采集标本，这也是野外地质工作的一项重要内容。有时由于时间及条件所限，须采集标本回室内作进一步观察；或者某些重要、典型的地质现象须采标本保存，用实物供他人检查、参观；或者在地层剖面上为了达到某一目的和要求须逐层采集标本。

（1）标本和样品的采集原则　标本种类很多，如矿物标本、岩石标本、构造标本、化石标本等。无论是采集何种标本或样品，其共同要求是：①标本、样品的采集必须首先明确目的和任务，要以最少的工作量、最小的投资，取得较多的成果，以达到较好的实际效果。②标本具有代表性，采集对象准确，数量恰当合理。③采集的标本、样品应尽可能新鲜、未风化。④将标本编号，并及时做好编录描述及整理。低年级学生主要是采岩石标本。一般在不同的岩性层中都须采集，以便在室内观察、分析、定名等。在地质剖面中，常按地层分层进行采集，从下到上（从早到晚）逐层采集和编号。编号可按不同性质的标本、不同观察点或某个剖面进行，在标本上用记号笔写上编号或在标本上贴标签纸再用圆珠笔标明编号，同时在野簿上记标本采集的情况，编号不能重复，也不能间断。

（2）标本和样品的采集方法

①采集标本的规格以能反映实际情况和满足切制光片、玻片及手标本观察需要为原则。代表测区岩石、地层单位的实测剖面上的陈列展示标本，一般规格要求是：长 9 cm、宽 6 cm、厚 3 cm，岩矿鉴定标本可适当减小。对于矿物晶体、化石、反映特殊地质构造现象的标本，可视具体情况而定。

②定向标本要求在露头上选择一定的平面，用记号笔画上产状要素符号（如→125°），然后再敲下标本。为保证标本上有定向线，可在定向面上多画几条平行的走向线，以便敲下标本后，据此描绘产状。定向标本一般不必整修。

③岩石全分析样品应选择新鲜、未风化、无污染的岩石露头采集。对侵入岩可根据不同单元采集；对沉积地层，应垂直地层厚度连续打块，或按一定网络打块，然后合并为一个样。样品质量一般不少于 2 kg。采集全分析样品应同时采集岩石标本、玻片、微量元素样和稀土元素样。

④微量元素样、稀土元素样应采集新鲜、未风化、无污染、有代表性的岩石作为样品。

⑤其他样品采集需根据设计和相应样品的测试要求，按照一定的规格、数量和方法，采集符合要求的样品进行测试鉴定。

（3）标本和样品的编录和整理

①采集各种标本和样品均应有原始记录资料，同时在相应的图件文字登记表格上注明采样位置、编号，并填写标签包装，按类别、系统分别装箱，放入清单、送样单，及时送出。

②作岩矿鉴定的标本要涂漆、上墨、编号。

③对返回的测试鉴定报告，应及时整理、编录、分类清理，决定采纳取舍，并反馈到相应的样品和标本登记表、送样单、野外记录、样品分布的各种实际材料图、剖面图、柱状图上。

④对于与野外认识有较大分歧的分析鉴定结果，室内也无法协调统一时，应及时向有关负责人汇报，研究处理，复查原因。

⑤送出分析鉴定及磨片加工的标本和样品，都要分类填写送样单，一式 3份，其中 1 份自留，作编录底稿；1 份送分析及加工单位；1 份随样品和标本箱。

⑥对制作玻片、光片、定向切片的标本，需在标本上画上切制部位和方向，送出鉴定和加工的标本，必须在送样单上逐项填写要求和鉴定加工项目。

⑦要及时对标本和样品的鉴定测试结果进行分析研究，与野外观察描述、各种图表及编录登记进行核对。

（二）野外鉴定三大岩类的基本方法

岩石是由一种或几种矿物或碎屑物质组成，具有一定结构、构造的集合体。根据岩石成因可分为岩浆岩、沉积岩和变质岩三大类，地表出露的岩石中以沉积岩最多。在野外观察和描述地质现象时，首先必须识别构成各种地质现象的岩石类型，识别的正确与否将会影响到后面一系列工作的进行，所以常常把三大岩类的野外鉴定方法作为一项重要的实习内容来训练。对于地学工作者来说，在野外正确鉴定出各类岩石是非常重要的，也是最基本的、必备的技能。由于在野外鉴定岩石受方法的限制，要鉴定出每块岩石的确切名称是很困难的，尤其是对于低年级学生就更难了。但只要掌握一些基本方法和规律，主要大类的区别还是比较容易的。通过野外实习，学生必须达到在野外较熟练地区分三大岩类和识别一些常见岩石的要求。

在野外鉴定岩石名称可按下列步骤进行：①观察岩石的总体外貌特征（岩石的构造），初步鉴别出属于三大岩类的哪一类；②借助放大镜、小刀，观察岩石的物质成分（矿物、碎屑物、胶结物）；③根据岩石的结构特征定出次一级岩石类型；④根据岩石的产出状态定出岩石的大体名称。如在野外某一地点所观察到的岩石在外貌上成层性很好，发育层理，从而可确定为沉积岩；岩石由碎屑物和胶结物组成，可知是碎屑沉积岩；碎屑物主要为石英、长石，岩石具粗粒砂状结构，所以岩石的名称应定为粗粒长石石英砂岩。

常见的三大类岩石分类见表 2－2－1。

表 2－2－1　常见三大类岩石

岩石大类	岩石亚类	岩石名称
沉积岩	陆源沉积岩	砾岩、砂岩、粉砂岩、页岩、泥岩
	内源沉积岩	石灰岩、白云岩、硅质岩、礁灰岩
岩浆岩	深成岩	橄榄岩、辉长岩、闪长岩、花岗岩
	浅成岩	辉绿岩、闪长玢岩、花岗斑岩
	喷出岩	玄武岩、安山岩、流纹岩
变质岩	区域变质岩	板岩、千枚岩、片岩、片麻岩
	接触变质岩	大理岩、石英岩、角岩
	动力变质岩	糜棱岩
	混合岩化变质岩	混合岩

1. 沉积岩　沉积岩是指地表或接近地表的原有岩石，在常温、常压条件下，由风化作用、剥蚀作用、生物作用产生的物质经搬运、沉积和成岩作用形成的岩石。沉积岩主要分布在地表，占地表出露的三大类岩石的 75%，是地表最常见的岩石。

（1）沉积岩的特点　在宏观上，沉积岩具有以下一些特征。

①沉积岩具有明显的成层性，是一层层叠置在一起的，这一特征是沉积岩的层理构造。它与岩浆岩的块状构造、变质岩的片状构造有很大的差别。这也是野外鉴定沉积岩的主要标志。

②沿垂直层理方向，组成岩石的物质成分常有规律地变化，有时相同的物

质组分会相间出现，组成多个沉积韵律。

③沉积岩常发育一些沉积构造，如交错层理、水平层理等，以及一些层面构造，如雨痕、龟裂、波痕等。

④在碎屑沉积岩中，物质成分可分为 2 个部分，即碎屑颗粒和胶结物。碎屑颗粒常是一些较稳定的矿物，如石英、长石、白云母等，或者是岩石碎屑，而且它们一般都具有一定的磨圆度。充填于颗粒之间的胶结物很细，肉眼看不见颗粒大小，只见碎屑颗粒表面包有一层细物质，其成分不同于碎屑颗粒，主要有铁质、钙质、硅质、泥质等。

⑤化学沉积岩通常颜色较深，肉眼见不到矿物颗粒，呈致密块状构造。

⑥沉积岩常含有生物化石或遗迹化石。

⑦在地貌上，沉积岩出露地区常由陡壁和缓坡构成，并相间出现，沿层面方向形成缓坡。

（2）主要沉积岩的野外观测

①碎屑岩类

Ⅰ.碎屑岩分类：碎屑岩主要由碎屑颗粒、胶结物组成。碎屑颗粒的大小（粒级）和成分决定了岩石的基本特征，是碎屑岩分类的主要依据。为了野外便于应用，采用表 2-2-2 中的简易划分方案。根据碎屑粒级的不同，可把碎屑岩分为砾岩及角砾岩、砂岩、粉砂岩。其中砂岩又可进一步划分为粗砂岩、中砂岩和细砂岩 3 种基本类型；粉砂岩又可划分为粗粉砂岩和细粉砂岩。根据碎屑物成分及相对含量可进一步划分砂岩（表 2-2-3）。

Ⅱ.碎屑岩的野外观测

ⅰ.碎屑岩的成分：对于单成分砾岩，由于砾度粗大，砾岩成分比较容易确定。对于复成分砾岩可以采用统计的方法来确定砾岩的成分；对于砂岩要判断是单矿物的石英砂岩，还是复成分的长石石英砂岩、岩屑砂岩或杂砂岩等。

ⅱ.碎屑岩的结构：碎屑岩的结构包括颗粒性质、形态、大小及其相互关系。碎屑颗粒的形态可用棱角状、次棱角状、次圆状、滚圆状加以描述（图 2-2-1）；颗粒之间的相互关系可以通过胶结类型反映出来，碎屑胶结类型主要由碎屑颗粒与填隙物的相对含量和相互间的关系决定。

ⅲ.碎屑岩的沉积构造：其内容非常丰富，包括测量层系、层系组厚度、细层度、交错层细层最大倾角、倾向及层系组的产状，并确定古流向；确定是交错层系（层系厚度＞3 cm）还是交错层理（层系厚度＜3 cm），研究它们的各种特征。

ⅳ.古流向测量：反映古流水特征的标志主要有交错层理和顶底面构造，包括槽模、沟模、流水波痕、冲蚀槽以及碎屑颗粒与化石优选方位等。

表 2 - 2 - 2　碎屑岩粒度结构及命名

粒度（mm）	结构	岩石名称
>2	砾状结构	砾岩
	角砾状结构	角砾岩
0.5～2	砂状结构	粗砂岩
0.25～0.5		中砂岩
0.05～0.25		细砂岩
0.025～0.05	粉砂结构	粗粉砂岩
0.005～0.025		细粉砂岩

表 2 - 2 - 3　砂岩的碎屑成分及命名

岩石名称	石英含量（%）	长石与岩屑相对含量
石英砂岩	>95	
长石石英砂岩	75～95	长石>岩屑
岩屑石英砂岩	75～95	岩屑>长石
长石砂岩	<75	长石>岩屑
岩屑砂岩	<75	岩屑>长石

图 2 - 2 - 1　碎屑颗粒的圆度类型
a. 棱角状　b. 次棱角状　c. 次圆状　d. 滚圆状

②碳酸盐岩类

Ⅰ. 碳酸盐岩分类：碳酸盐岩分类首先是按矿物成分含量分为石灰岩、白云岩 2 个基本类型和其间的过渡类型（表 2 - 2 - 4）。

石灰岩、白云岩及其过渡岩石还需要根据结构、成因做进一步的划分。在野外研究的基础上，室内再根据颗粒类型和结构等加上必要的修饰词更精确地命名。

表 2-2-4　碳酸盐岩类中方解石和白云石含量及岩石命名

岩石名称	方解石含量（%）	白云石含量（%）	滴稀盐酸反应
石灰岩	95～100	0～5	剧烈起泡
白云质灰岩	50～95	5～50	中等起泡
灰质白云岩	5～50	50～95	微弱起泡
白云岩	0～5	95～100	不起泡

Ⅱ. 碳酸盐岩的野外观测：野外观测的主要内容包括岩石的颜色、单层厚度、岩石中所含颗粒与灰泥的相对含量、颗粒类型与含量、生物扰动程度及特点和其他沉积构造及层序特征。

ⅰ. 含非生物碎屑颗粒的碳酸盐岩：非生物碎屑颗粒主要有外来碎屑、内碎屑、灰泥、鲕粒及球粒与类球粒等。野外要调查碳酸盐岩的内碎屑（砾屑、砂屑、团块）的含量、形状、大小、成分与内部构造、磨圆度及分选、排列方式、有无氧化圈及填隙物的性质特征；要调查含鲕碳酸盐岩的鲕粒含量、形状、大小和填隙物的性质及特点。

ⅱ. 含生物碎屑颗粒的碳酸盐岩：生物碎屑和生物化石是碳酸盐岩最重要的造岩组分之一，因此遇到时要详细观察和采样。野外主要调查化石组合特征、成岩作用和化石或生物碎屑的分布特征。

2. 岩浆岩　岩浆岩是由岩浆或熔浆冷凝结晶或由火山碎屑颗粒堆积而成的岩石。

（1）岩浆岩的特点　岩浆岩具有以下一些特点。

①侵入岩具块状构造。喷出岩多具气孔状、杏仁状、流纹状等构造。这些构造是岩浆岩区别于其他岩石的重要特征。

②组成岩石的矿物较复杂，既有稳定的矿物，如石英、长石，又有在地表条件下不稳定的矿物，如橄榄石、辉石、角闪石、黑云母。

③矿物颗粒不具磨圆度，具有特定的晶形。在深成岩中，为全晶质结构，矿物颗粒之间为直接接触，没有像"胶结物"之类的物质。在喷出岩中，具斑状、似斑状结构，斑晶常保存矿物自身的形态（棱角明显），完全不同于沉积岩的碎屑颗粒；基质为隐晶质、显晶质或非晶质，其成分与斑晶基本相同。

④侵入岩浆中的浅成岩，在产状上可与岩浆岩一致或不一致。当产状不一致时，如岩墙，浅成岩很易鉴别出来；当一致时，如岩床、岩盘等，可根据矿物成分、结构、构造等特征加以区分。

⑤岩浆岩中不含生物化石。

⑥在地貌上，如果没有构造的影响，岩浆岩常形成波状起伏的地形，而不

会出现像沉积岩地区的陡壁和缓坡相间排列的现象。

（2）侵入岩的野外观测工作方法

①侵入岩的分类和命名：在岩浆岩中，侵入岩占了相当大的比例。侵入岩的分类和命名是侵入岩研究的基础，必须熟练掌握。关于侵入岩的分类命名方案较多，其分类命名的原则和标准不同，但首先应掌握分类命名的一般方法。

Ⅰ. 侵入岩的野外正确命名：侵入岩的命名首先应根据野外产状、岩石的结构和构造区分出岩石的主要类型；其次，要根据岩石中所含矿物的颜色、晶形、解理等鉴定出主要造岩矿物的种属及含量，据此确定岩石基本类型。野外定名时，应掌握好以下几个方面的标志，包括石英的有无及其含量；钾长石、斜长石的有无及其含量；暗色矿物的种属及其含量；白云母的有无及其含量；副长石（又称似长石类矿物，硅酸盐类矿物白榴石、霞石的合称，这2种矿物的化学成分与长石相似，但二氧化硅含量较少，副长石矿物是在富碱而贫二氧化硅的条件下产生的，是碱性岩浆岩的典型矿物）的有无及其含量；对于斑状结构的岩石，要特别注意斑晶种属和含量。

野外鉴定岩石时，应先观察其色率（即暗色矿物的体积百分数）。岩石颜色的深浅是暗色矿物和浅色矿物相对含量的反映，因此根据岩石颜色的深浅就可大致确定岩石的属性，由浅到深依次为酸性岩、中性岩、基性岩、超基性岩。在鉴定矿物成分和含量时，一般先观察铁镁质矿物，后观察长英质矿物。观察长英质矿物的顺序首先是石英及其含量，然后是长石的有无和钾长石、斜长石的相对含量。对矿物成分进行描述，应先描述斑晶，后描述基质，并估算它们的百分含量。

Ⅱ. 侵入岩的结构观察：根据不同的划分原则把侵入岩的结构进行分类。

ⅰ. 按矿物的结晶程度划分：根据结晶程度，岩石的结构可分为全晶质结构、半晶质结构和玻璃质结构。侵入岩一般是全晶质结构，即岩石全部都是由矿物的晶体所组成的一种结构，如花岗岩。

ⅱ. 按矿物的晶粒大小划分：按绝对大小可分为粗粒结构（粒径＞5 mm）、中粒结构（粒径2～5 mm）、细粒结构（粒径0.2～2 mm）、微粒结构（粒径0.1～0.2 mm）。如果粒径＞10 mm，可称为巨晶、伟晶结构。

按矿物颗粒相对大小可划分为等粒结构、不等粒结构、斑状结构及似斑状结构。不等粒结构多见于浅成侵入岩中。

斑状结构是指组成岩石的矿物颗粒大小悬殊，其中粗大者称为斑晶，其晶形常较完整；细小者称为基质，晶形常不规则。一般说来，如果基质为显晶质，且颗粒较大，称为似斑状结构；如果基质为细粒结构及以下、隐晶质或非晶质，称为斑状结构。

ⅲ.按矿物的自形程度划分：根据矿物的自形程度，可分为自形结构、半自形结构、他形结构。在野外实际观察描述时，可以结合起来使用，例如全晶质半自形不等粒结构。

Ⅲ.岩石的构造：侵入岩的构造是指岩石中不同矿物集合体之间、岩石的各个组成部分之间的排列方式及充填方式。块状构造是侵入岩最常见的构造，即指岩石中矿物排列无一定规律，岩石为均匀的块体。此外，侵入岩常见的构造还有斑杂状构造、条带状构造。

综上所述，岩石的结构表现岩石组成个体的特征，而岩石的构造则表现岩石整体外貌的特征。它们都是岩石形成环境的反映。

②侵入岩体的野外研究方法：

Ⅰ.深成岩体规模研究：

ⅰ.深成岩体的规模：以前所划分的深成岩体的规模有时可达 1 000 km²，但实际这种规模往往是多期累加的，是由几次岩浆脉动侵入形成的，而每期岩浆侵入形成的岩体的规模是有限制的，一般为几十到几百平方千米不等。野外研究首先要查明深成岩体的规模大小。

ⅱ.深成岩体的产状：根据深成岩体的大小、形状、与围岩接触关系和所处的地质构造环境可分为岩基、岩株、岩钟、岩床、岩席、岩枝和岩墙等几种类型。

ⅲ.深成岩体的组合类型：简单深成岩体，由一次脉动侵入形成的侵入体所组成；复杂深成岩体，由多次脉动上侵形成的侵入体所组成；复式深成侵入杂岩体，由性质不同的各种深成岩体组成；叠加复式深成侵入杂岩体，由不同构造旋回的一系列深成岩体组合而成。

Ⅱ.深成岩体与围岩接触关系研究：其主要目的是确定岩体产状、成因、形成时代等。接触关系有 4 种情况：侵入接触、混合交代接触、断层接触和沉积接触。

侵入接触是岩浆侵入围岩而形成的接触关系，说明岩体形成时代晚于围岩。其主要标志有：大多数岩体边部粒度变细，具冷凝边；岩体边部常有围岩的捕房体；接触带不平整，有与岩体有关的岩脉、矿脉穿入围岩；岩体边部的流动构造大多平行于接触面；围岩有热接触变质现象或交代蚀变现象；有些围岩的产状和构造形态受到岩体的干扰和破坏。

混合交代接触是变质岩和岩浆之间的接触关系，最大特征是岩石发生局部重熔。

断层接触的主要标志有：沿接触带岩体和围岩有挤压、破碎痕迹，甚至形成断层角砾岩带、糜棱岩带；伴随破碎同时有各种蚀变或矿化作用，如绿帘石化、绿泥石化、绢云母化、硅化等；接触较平直，围岩可切过岩体的不同相带，或切过流动构造等。

沉积接触最重要的标志是接触岩体的沉积岩层的碎屑成分中，总含有侵入岩风化后形成的颗粒。

3. 变质岩 变质岩是由原岩经变质作用形成的，因而在岩石的成分及结构、构造方面都比较复杂。

（1）变质岩的特点 概括起来，变质岩具以下几个特点：①具有一些特征构造，如板状构造、片状构造、片麻状构造等，矿物常具定向排列。②具有一些特殊的变质矿物，如绢云母、红柱石、石榴石等。③不同类型的变质岩在分布上具有一定的规律性。接触变质岩分布于岩浆岩与围岩的接触带上；动力变质岩沿断裂带分布；区域变质岩大面积分布，与大地构造单元的类型相关。

（2）变质岩的主要类型和命名

①变质岩的类型：变质岩的矿物成分、化学成分、结构构造和岩石组合特征，显示了原岩类型和变质时的地质环境。为此，变质岩的分类和命名必须兼顾上述3个方面的因素。一般按变质作用的类型划分为：区域变质岩、接触变质岩、动力变质岩和混合岩。

②野外命名的简单方法：变质岩命名的一般格式是附加名词＋基本名称。

基本名称反映了变质岩的基本特征，主要是矿物成分及岩石组合、结构构造、化学成分。作为变质岩的基本名称，一般包括：构造或形态，如动力变质岩和大多数区域变质岩中的片岩、片麻岩及糜棱岩、碎斑岩等均采用这个习惯命名；变质作用的地质环境，如接触变质岩中的角岩、矽卡岩和混合岩等；矿物成分或矿物组合，如透辉岩、透辉方柱岩等。

附加名词则用来说明基本名称的某些重要特征，包括：5%～10%或以上造岩矿物含量；特征的变质矿物如石榴石、矽线石、蓝晶石、红柱石、堇青石、蓝闪石和硬玉等；特征或醒目的结构和构造；某些有意义或贵重的矿物，如刚玉、绿柱石、铬铁矿等；某些特殊的颜色等。这些均可按含量或比重酌情参加命名。

叠加变质岩石则一般有2种命名方法，一是按变质作用发生的序次，新的在前，老的在后，如矽卡岩化透闪片岩，表示接触变质作用叠加在区域变质作用之上；另一方法是按主次关系，以变质岩的现状作为基本名词，次要的作为附加名词，如混合花岗质糜棱岩，表示在原变质岩和混合花岗岩之上，叠加了强烈的动力变质作用，形成了糜棱岩。

野外工作时，选择几种野外容易鉴别的结构构造，结合主要矿物的命名方法是行之有效的。一般说来经常作为岩石名称的构造大致有以下几种。

Ⅰ．板状构造——板岩：板岩为轻微变质的泥质、粉砂质和凝灰质岩石显示的一种板状劈理构造。新结晶的鳞片状矿物，如绢云母、绿泥石等在劈理面上平行定向排列，致使板理整齐、光滑。板理经常切割层理，但也可同层理一致。

Ⅱ．千枚状构造——千枚岩：其原岩与板岩相似，但变质程度高于板岩，呈薄片状或千枚状，具丝绢光泽。千枚岩重结晶程度较高，新生云母、绿泥石等在放大镜下可以辨认，并彼此平行定向排列，构成细而薄的片理或皱纹状片理。

Ⅲ．片状构造——片岩：片岩是泥质、砂泥质、凝灰质及各种成分的火山岩变质后形成的片状岩石，具有较强的珍珠光泽，主要造岩矿物肉眼可以鉴定。新生的片状、纤维状、柱状矿物平行定向排列，并常聚集成连续的薄层，岩片更容易剥离或击开。

Ⅳ．片麻状构造——片麻岩：片麻岩是含较多粒状矿物的片理构造，新生的粒状长石、石英和片状云母、柱状角闪石、辉石等，各自集结成条纹状、条痕状并相间排列，构成不连续的不同色泽相间的片麻状构造；变质程度高于或相近于片岩；主要造岩矿物结晶较大，肉眼容易辨认。

Ⅴ．粒状构造——变粒岩、大理岩、麻粒岩等：富含粒状矿物，不显平行定向构造，是砂质、钙质岩石和各种成分的火山岩、凝灰质原岩的变质产物。其主要造岩矿物为长石、石英和方解石等粒状矿物，也可含少量的云母、角闪石、辉石及其他矿物。粒度随变质程度加深而加粗，并可集结成微细薄层相间分布，从而使变粒岩显示一定程度的层状定向构造。

4. 岩性描述的方法及内容　在野外除记录一些地质现象和认识岩石外，还要对所见到的岩石进行岩性描述，以便自己和他人查阅。岩性描述的常规方法是先外观、后内部，先总体、后局部。要做到观察仔细，描述认真，术语准确。描述内容包括岩石的颜色、主要矿物成分、结构、构造、产出状态及时代。

（1）岩石的颜色　岩石的颜色是指岩石的总体外观（新鲜面）的颜色。由于岩石出露地表，经风化作用后，它的表面颜色和新鲜面颜色常不一致，描述时须加以区分，如石灰岩的风化面为白灰色，新鲜面为深灰色。有些岩石由于成分较复杂，颜色也较杂，描述时可以一种颜色为主，前面冠以修饰词，如浅红色、黄绿色、灰黄色等；如果各种颜色平分秋色，可用杂色来形容。描述时还可采用类比法，如橘黄色、砖红色、肉红色等。

（2）岩石的成分　岩石的成分即岩石的物质组成。不同类型的岩石，其物质组成相差很大，如花岗岩主要由钾长石、斜长石、石英、黑云母等组成；石英砂岩主要由石英组成等。无论是何种岩石，野外描述时，除了描述主要矿物名称外，还要描述各种矿物的相对含量。矿物含量的确定，常参照标准含量图（图2-2-2）进行估测。如花岗岩主要由钾长石（35%）、斜长石（30%）、石英（25%）、黑云母（4%）等组成。在野外，矿物成分的鉴定一般用肉眼或借助于放大镜、小刀、盐酸、条痕板等进行。因而要求学生记住一些常见矿物的鉴定特征，如石英、钾长石、斜长石、角闪石、辉石、黑云母、方解石等。

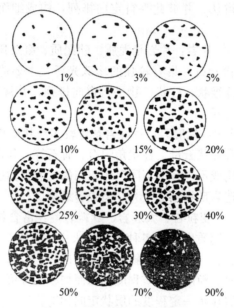

图2-2-2 物质成分标准含量

（3）岩石的结构　岩石的结构是指岩石的组成部分的结晶程度、颗粒大小（包括绝对大小和相对大小）、形态及其相互间的关系。岩石的结构与成因密切相关，不同成因的岩石具有不同的结构。如碎屑沉积岩具碎屑结构，深成侵入岩具全晶结构，大理岩具变晶结构。

结晶程度是指组成岩石的物质的结晶差异，分为晶质和非晶质，晶质又分为显晶质（肉眼能观察到矿物颗粒大小）和隐晶质（肉眼观察不到矿物颗粒大小）。如深成侵入岩中的花岗岩都是由结晶矿物组成的，它是全晶质的；喷出岩中的安山岩是由部分的结晶矿物（斜长石、角闪石）和未结晶的物质组成，它就是非全晶质的；黑曜岩由未结晶的玻璃质组成，它就是非晶质的。肉眼区分隐晶质与非晶质的简易方法是：隐晶质的岩面表面光泽较暗淡，断面为参差状；而非晶质的岩面表面常呈现玻璃光泽，断面为贝壳状。

形态是指组成岩石的矿物的外形，对非晶质就无形态可言了。在碎屑沉积岩中，形态实际上是指矿物或岩屑的磨圆度，描述时，常分4个等级：棱角状、次棱角状、次圆状、圆状。在岩浆岩和变质岩中，常用自形、半自形和他形来描述矿物的形态。自形是指矿物自然结晶的形态；半自形是指矿物部分具自然结晶形态，而其他部分为非矿物的自然形态；他形是指矿物无自然结晶形态。

颗粒大小是指矿物碎屑的粒径。不同类型岩石划分标准和等级也不一样。表2-2-5的结构指的是矿物颗粒的绝对大小，如果岩石以某粒径的矿物或碎屑占绝对优势（>80%），就可以称之为这种粒径等级的结构。根据岩石矿物颗粒的相对大小，又可分出等粒和不等粒结构。不等粒结构中，常见的有斑状结构和似斑状结构。沉积岩分选性的差异实际上就表现出等粒和不等粒的特点。

（4）岩石的构造　对于岩浆岩和变质岩，如果矿物在岩石中均匀分布，就称其为块状构造。在沉积岩中常见的有层理构造和层面构造，根据每个单层的厚薄，又可进一步划分出巨厚层（>1 m）、厚层（0.5～1 m）、中层（0.1～0.5 m）、薄层（0.01～0.1 m）等。火山岩常见的有气孔构造、杏仁构造、流纹构造。变质岩有片理构造。

表2-2-5　不同岩石的粒度划分（单位：mm）

	颗粒	卵石	砾石	砂					黏土
碎屑沉积岩	粒径	>64	2～64	0.5～2	0.25～0.5	0.1～0.25	0.05～0.1	0.005～0.05	<0.005
	结构		砾状结构	粗粒砂状结构	中粒砂状结构	细粒砂状结构	微粒砂状结构	粉砂状结构	泥质结构
碳酸盐岩	颗粒	砾晶		砂晶		粉晶		微晶	泥晶
	粒径	>2		0.06～2		0.03～0.06		0.004～0.03	<0.004
	结构	砾晶		砂晶结构		粉晶结构		微晶结构	泥晶结构
岩浆岩	颗粒	粗粒	中粒	细粒		微粒		隐晶	
	粒径	>5	2～5	0.2～2		0.1～0.2		<0.1	
	结构	粗粒结构	中粒结构	细粒结构		微粒结构		隐晶结构	
火山碎屑岩	颗粒	集块	角砾	凝灰				尘灰	
	粒径	>64	2～64	0.062 5～2				<0.062 5	
	结构	集块结构	角砾结构	凝灰结构				尘灰结构	
变质岩	颗粒	粗粒变晶		中粒变晶		细粒变晶		显微变晶	
	粒径	>3		1～3		0.1～1		<0.1	
	结构	粗粒变晶结构		中粒变晶结构		细粒变晶结构		显微变晶结构	

（5）岩石的产出状态　岩石的产出状态是指三大类岩石的空间位置及产出状态。岩浆岩的产出状态分为深成侵入体（岩基、岩株）、浅成侵入体（岩床、岩盘、岩墙等）、喷出岩（岩钟、熔岩瀑布等）。

（6）岩石的时代　岩石的时代即岩石的形成时代。对于沉积岩，它产于哪个时代的地层中，那么该地层的时代就是岩石的形成时代。若是岩浆岩可根据它与围岩的侵入接触关系、同位素测年或区域资料来确定时代。

5. 岩石描述实例

（1）岩浆岩描述实例

①黑云母花岗岩：岩石较新鲜，呈浅肉红色，中粗粒结构，块状构造，主要由钾长石、斜长石、石英及少量黑云母组成。长英质矿物含量占 90％以上，其中钾长石呈浅肉红色，板状，外形不规则，颗粒大小为 2 mm×3 mm，含量约 45％；斜长石为浅灰色，板状，自形程度较好，颗粒大小为 2 mm×2.5 mm，含量约 20％；石英呈灰色，半透明，他形粒状，含量＞25％，粒径为 2～3 mm。暗色矿物主要为黑云母，呈鳞片状，黑褐色，含量小于 10％，有的已蚀变为褐色的蛭石或绿泥石。副矿物为榍石和磁铁矿，含量甚微，小于 1％。

②伊丁石玄武岩：岩石呈灰黑色，具斑状结构和气孔构造。斑晶主要为伊丁石，棕红色，玻璃光泽，大小为 1～2 mm，系橄榄石蚀变产物，含量约 10％。基质为隐晶质微粒结构，可见细针状灰白色斜长石微晶，在暗淡的基质中以其较强的玻璃光泽显现出来。气孔构造发育，多呈圆形或椭圆形，孔径为 5～6 mm，孔壁光滑。有的气孔充填有方解石，形成杏仁体，略呈定向排列。

③火山凝灰岩：岩石呈灰绿色，块状构造，具凝灰结构，主要由灰绿色火山灰和部分晶屑组成。岩屑成分不易分辨，黑色的可能为燧石，灰色的可能为石灰岩，含量约为 5％；晶屑由无色透明的具玻璃光泽和清晰解理的透长石和烟灰色具油脂光泽的石英组成，偶见黑云母小片。晶屑呈不规则的棱角状，大小为 1～2 mm，含量约为 20％。岩石滴盐酸剧烈起泡，表明有次生的方解石。

（2）沉积岩描述实例

①海绿石石英砂岩：岩石为灰绿色，风化面为灰黄色。绿色是因岩石中含较多的海绿石而显现的，故绿色为自生色。岩石标本上可见较清晰的平行层理，小层厚度为 3～10 mm，它是由于各小层中含海绿石数量多少不同而显现的，含海绿石较多者绿色显著。岩石为中粒砂状结构，颗粒大小较均匀，分选好，圆度中等。碎屑成分几乎全部由石英组成，含量在 98％以上，只有极少量的长石和燧石碎屑，含量共计不到 2％。石英为灰色，有的因氧化铁浸染而呈灰黄褐色；长石灰色、有解理；燧石为黑色、隐晶质结构。胶结物为硅质和海绿石，硅质胶结物已全部结晶为碎屑石英的次生加大边，故在石英碎屑颗粒

之间分不出碎屑物和胶结物的界线，但石英颗粒之间胶结得极为坚固紧密。除硅质外胶结物中还有海绿石，为鲜绿色，呈不规则状充填于石英颗粒之间，在岩石中分布很不均匀，部分已因遭受风化而成为褐铁矿，含量约 5%。硅质胶结物含量无法估计。岩石风化面因海绿石氧化成高价铁的氧化物并浸染碎屑颗粒而成灰黄色。岩石坚硬，孔隙很少。

②鲕粒亮晶灰岩：岩石为灰紫色，块状构造，鲕粒结构。粒屑组成主要为鲕粒，含量约占整个岩石体积的 60%，未见其他粒屑。鲕粒断面为圆状或椭圆状，大小均匀，一般为 1～2 mm，紫红色，具明显的同心层状构造。鲕粒中心有核心，核心为粗粒方解石晶体，灰色，边缘较规则，可能为棘皮动物的碎屑。鲕粒的同心层部分由淡紫红色的微晶方解石组成，致密。胶结物为灰白色、颗粒较粗的亮晶方解石，放大镜下可见晶粒轮廓，大小为 0.03～0.1 mm，亮晶方解石含量约 40%。

③蒙脱石黏土岩：岩石为浅红色或灰白色，断口不是很细腻，略有滑感，块状构造；固结程度低，质较疏松；在水中易泡软并剧烈膨胀，膨胀后体积比原体积大 2～3 倍；黏结性不强，有少量次生碳酸盐矿物，遇盐酸起泡，分布不均匀。

（3）变质岩描述实例

①红柱石角岩：岩石为深灰色，块状构造，斑状变晶结构，基质为微粒变晶结构，变斑晶为红柱石，自形，长柱状，横断面为正方形，大小相近，长 2～10 mm，因遭受风化后而光泽暗淡。在岩石的新鲜面上斑晶和基质不易区分，红柱石变斑晶突出，含量约 15%。基质颗粒细小不易鉴定，只能分辨其中有细小的黑云母，为暗褐色、珍珠光泽，呈小鳞片状。此岩石为泥质岩经过热接触变质作用形成。

②石榴石云母片岩：岩石为灰白色，片状构造，斑状变晶结构，基质为鳞片变晶结构。变斑晶为石榴石，呈暗紫红色，粒状，大小为 5 mm 左右，有的晶体可以看到完好的晶面，含量为 5% 左右。基质由白云母和石英组成，白云母呈鳞片状，含量约为 60%；石英为细小他形粒状，含量约 35%，由于基质中有大量的白云母，使岩石具明显的丝绢光泽。

③黑云母斜长片麻岩：岩石为灰白色，具明显的片麻状构造，中粒等粒变晶结构（花岗变晶结构），主要矿物成分有斜长石（50%）、石英（25%～30%）、黑云母（20%）。斜长石为白色板状，石英为他形，略有拉长状。黑云母为黑褐色，片状，与粒状长英质矿物相间分布，使岩石呈现片麻状构造。斜长石部分有绿帘石化。

（三）地质构造的野外观察方法

野外地质构造的观察是从露头上可见的小型构造入手，观察描述其形态、结构要素和产状、类型等，查明不同构造之间的空间组合关系和时间上的发育顺序。然后将不同露头的地质现象联系起来，分析确定其与大型构造的关系，阐明构造变形机制并重塑变形演化历史。

沉积岩、岩浆岩和变质岩等岩类的构造，各有其特殊性，必须采取相应的研究方法。但野外实践证明，各类岩石中的构造具有显著的共性。特别是小型构造的类型和性质都相当一致，因此我们首先要了解地质构造观察研究的一般原则和方法。

构造研究的基础是对岩石结构和不同要素之间相互关系的野外观察，包括各种面状构造，如层理、面理（劈理、片理）、节理、褶皱轴面和岩浆岩中的流面等，以及线状构造，如各种线理（杆状构造、矿物拉伸线理等）、褶皱轴线和岩浆岩中的流线等。尤其要重视观察那些均匀贯穿于整个地质体中，在一定尺度上具有优选方位的透入性结构要素，因为这种结构要素分布的规律性即意味着变形作用中相应的规律性，即它是受特定的构造应力场控制的，其对于阐明地质构造的演化具有重要意义。

下面介绍几种主要的地质构造的野外观测，即褶皱构造的观测、断层构造的观测、节理的观测、劈（片）理的观测。

1. 褶皱构造的观测 在野外地质工作过程中，褶皱的观测首先是几何学的观测，目的在于查明褶皱的空间形态、展布方向、内部结构及各个要素之间的相互关系，进而推断其形成环境和可能的形成机制。野外工作中，主要进行以下几个方面的工作。

（1）褶皱识别 空间上地层的对称重复出现是确定褶皱的基本识别方法。多数情况下，在一定区域内应选择和确定标志层，并对其进行追索，以确定剖面上是否存在转折端，平面上是否存在倾伏端或扬起端。在变质岩发育区或构造变形较强地区，要注意对沉积岩的原生沉积构造进行研究，以判定是正常层位或是倒转层位；利用同一构造期次下的小构造（如拖曳褶曲等），对高一级构造进行研究。

（2）褶皱位态观测 褶皱位态需要轴面和枢纽2个要素确定，对于直线状枢纽或平面状轴面，只需测量其中一个要素就可以确定褶皱的方位，但不能确定其位态，因为具有相同枢纽方位的褶皱，可以具有很不相同的位态。轴面可以是曲面，枢纽也可以是曲线。

实际工作中，露头上可见的褶皱全部暴露时，可以用地质罗盘仪直接度量其枢纽的倾伏向、倾角和轴面的倾向、倾角。若枢纽和轴面为曲线（面），必须测量若干代表性区段的产状来说明二者的变化。

（3）褶皱剖面形态的观测　褶皱形态一般是在正交剖面上观察和描述的。对褶皱横剖面形态描述，主要是运用枢纽、轴面、转折端剖面形态等要素进行描述。综合考虑才可以得出褶皱面在剖面上的整体形态。

（4）褶皱的伴生构造　在褶皱形成过程中，褶皱的不同部位具有不同的局部变形环境。褶皱层的有些部分伸长，有些部分缩短，而另一些部分没有受到任何的应变。因此，褶皱不同部位形成不同类型的派生、伴生小构造，与褶皱保持一定的几何关系，各自从一个侧面反映出主褶皱的基本特征。借助从属构造阐明区域大褶皱的几何特征，分析褶皱形成机制及发育过程，是野外地质工作中常采用的手段之一。

①褶皱两翼的小构造：层间擦痕的观察与测量，用以判断两盘相对位移方向和主褶皱转折端位置以及类型（水平褶曲、倾伏褶曲等）。从属褶皱观察与测量，观察其不对称类型（S型或Z型）、特点和倾伏方向，测量其要素（轴面、枢纽等）产状和几何参数，确定它们处于大褶皱的位置。

②褶皱转折端的小构造：观察节理和小断层的类型、特征，鉴别其力学性质，测量其产状要素。利用它们的形态和方位分析转折端的应力、应变状态及从属褶皱类型（M型或W型、尖棱、圆弧或箱型等）以及其随剖面深度的变化，度量其要素，根据地层时代关系确定褶皱性质（背斜、向斜）。

2. 断层构造的观测　断层是地壳的主要构造形迹之一，断层的性质、特征及规模，在很大程度上控制一个地区地质条件的复杂程度。大量实践证明，在矿产普查、勘探以及工程地质勘察中，对断层的研究已成为一个非常主要的内容。

（1）断层的识别　对断层的研究，首先要在野外认识断层，其主要的识别标志包括构造、地层、地貌、岩浆活动和矿化作用、岩相和厚度变化等。断层存在的证据有以下几个方面。

①擦痕和镜面：断层两盘相对滑动时，在断层面上摩擦形成一组平行的细沟纹，称为断层擦痕（图2-2-3）。有时局部断面被磨光，常附以黏土、铁质、硅质或碳酸盐质薄膜，以致表面光滑如镜，称为镜面。

②断层角砾岩与糜棱岩：断层两侧岩石因断裂而破碎，碎块经胶结形成的岩石称为断层构造岩。其中，碎块为大小不一的棱角状，无定向排列者，称为断层角砾岩，常见于正断层内；若碎块有不同程度圆化，略具定向排列者，称为磨砾岩，常见于逆断层和平移断层内；若由于强烈研磨成粉状和重结晶微粒组成的构造岩称为糜棱岩，它多见于大规模逆掩断层和平移断层带内。

③断层泥：断层两侧岩石因断层摩擦而形成的泥状物质，常与断层磨砾岩

共生。

④拖曳褶曲：断层两盘相对错动，使两盘岩层发生小型的弧形弯曲，称为拖曳褶曲。拖曳褶曲的存在表明断层两盘发生过错动（图2-2-4）。

图2-2-3　断层擦痕陡坎面指向
对盘滑动方向
（引自夏邦栋，1995）

图2-2-4　断层带中的拖曳褶曲及其
指示的两盘滑动方向

⑤地层的缺失与重复：走向断层会造成两盘地层的缺失和重复。走向断层造成的地层重复是非对称式的，其表现形式很多。图2-2-5是正断层引起的地层重复和缺失的2种形式。

地层重复　　　　　　　　　　　　　　　地层缺失

图2-2-5　正断层造成地层重复与缺失的2种情形
C. 碳系　D. 泥盆系　O. 奥陶系　P. 二叠系　S. 志留系　T. 三叠系
（引自夏邦栋，1995）

褶曲和不整合等构造也可以造成地层的重复和缺失。它们的区别是：断层只产生地层不对称的重复，缺失的地层间不具有侵蚀面；而褶曲造成的地层重复是对称的，不整合形成的地层缺失具有侵蚀面，有时有底砾岩。

⑥地质体错断：断层可使岩层、矿层等地质体沿走向突然中断。断层也可使早期的侵入岩脉、岩墙发生错动，这种被切断的部分，在相当的距离内又可

以找到同一岩石的露头。

⑦密集的节理：断层的发育常受先成节理的控制，因而断层面两侧常常有先成节理，在靠近断层处密集，而远离断层处稀疏甚至消失。

⑧地貌标志：断层构造在地貌上有明显表现。由断层形成的地貌有断层崖、三角面山、错断的山脊等。大型断层往往在断层带内形成串珠状湖泊洼地，如我国云南东部在南北向的小江断裂带上分布了一连串湖泊和盆地，自北而南湖泊有杨林海、滇池、抚仙湖、杞麓湖，盆地有嵩明盆地、昆明盆地、宜良盆地、玉溪盆地等。

⑨泉水的带状分布：断层破碎带是地下水的通道和储集场所，泉水的带状分布往往标志着断层的存在。著名的北京玉泉山的泉水就是出露在断层线上；南京东郊的汤山温泉也是出露在断层线上。

⑩土壤和植被标志：断层带内因岩层破碎易于风化，常形成深厚的土层；因水分充足，常生长有茂密的植物。

（2）**断层带产状的观测**　断层面出露地表且较平直时，可以直接测量或利用"V"形法则判断。但断层面产状往往是不易测量的，因为断层常有一个破碎带，断层附近往往比较杂乱或被掩盖，有时断层甚至隐伏而不能直接测量，则可以主要在测量与断层伴生的节理、片理面产状统计值基础上，综合钻孔资料或物探资料推断确定。

另外，在确定断层面产状时，断层产状沿走向和倾向可能发生变化，如逆冲断层的台阶状或波状变化；受岩性、深度、构造应力的强度、应变速度等因素影响产状发生的变化等，都要予以充分考虑。一条断层形成后，由于构造叠加和改造，断层面可以再弯曲变形而改变原有的形态，如在北京房山某一断层中，我们就可以观察到原来位于元古界—古生界内部的一系列早期剥离断层在发生了褶皱变形后，又经过了房山脆性断层的改造。因此，不仅要从纵横剖面上去观测它的变化，而且要认真观察和记录影响断面变化的各种因素，必要时借助钻孔与物探资料和区域资料来分析和判断断层面的可能形态，才能获得总体认识。

（3）**断层两盘运动方向的确定**　断层在一定阶段的活动性质常常具有相对稳定性，这种运动总会在断层面上或其两盘留下一定的痕迹，这些痕迹或伴生现象就成为分析判断断层两盘相对运动的主要依据。但同时断层运动是复杂的，一条断层常常经历了多次脉冲式滑动，因此，在分析并确定两盘相对运动时，应充分考虑其复杂多变性。

①根据两盘地层的新老关系：分析两盘中地层的相对新老，有助于判断两盘的相对运动。对于走向断层，上升盘一般出露老岩层，或老岩层出露盘常为

上升盘。但是，如果地层倒转，或断层倾角小于岩层倾角，则老岩层出露盘是下降盘。如果两盘中地层变形复杂，为一套强烈压紧的褶皱，则就不能简单地根据两盘直接接触的地层新老判定相对运动。如果横断层切过褶皱，对背斜来说，上升盘核部变宽，下降盘核部变窄，对于向斜，情况刚好相反。

②拖曳褶曲：断层两盘紧邻的拖曳褶曲，以其弧形弯曲的突出方向指示本盘的运动方向（图 2-2-4）。一般来说，变形越强烈，拖曳褶曲越紧闭。

③擦痕和阶步：擦痕和阶步是断层两盘相对错动在断层面上因摩擦等作用而留下的痕迹。擦痕有时表现为一端粗而深，一端细而浅。由粗而深端向细而浅端一般指示对盘运动方向。如用手指顺擦痕轻轻抚摸，可以感觉到顺着一个方向抚摸比较光滑，相反方向比较粗糙，感觉光滑的方向指示对盘运动方向。

断层面上常有与擦痕直交的小陡坎，称为阶步。阶步一般面向对盘的运动方向。在断层滑动面上有时可看到一片片纤维状矿物晶体，如纤维状石英、纤维状方解石以及绿帘石、叶蜡石等。它们是在两盘错动过程中，在相邻两盘逐渐分开时生长的纤维状晶体，这类纤维状结晶称为擦抹晶体，许多擦痕实质上就是十分细微的擦抹晶体。当断层面暴露时，各擦抹晶体常被横向张裂隙拉断而形成一系列微小阶梯状断口，阶步指示对盘运动方向。

④羽状节理：在断层两盘相对运动过程中，在断层一盘或两盘的岩石中常常产生羽状排列的张节理和剪节理。这些派生节理与主断层斜交，交角的大小因派生节理的力学性质不同而有差异。羽状张节理与主断层常成 45°角，羽状张节理与主断层所交锐角指示节理所在盘的运动方向。

断层派生的节理除羽状张节理外，还可能有 2 组剪节理，一组与断层面成小角度相交，交角<15°；另一组与断层成大角度相交或直交。小角度相交的一组节理，与断层所交锐角指示本盘运动方向。断层派生的 2 组剪节理产状较不稳定，或被断层两盘错动而破坏，所以不易用来判断断层两盘的相对运动。

⑤断层角砾岩：如果断层切割并挫碎某一标志性岩层或矿层，根据该层角砾在断层面上的分布可以推断断层两盘相对位移方向。有时断层角砾呈规律性排列，这些角砾变形的 XY 面与断层所夹锐角指示对盘运动方向。根据断层面产状和两盘相对滑动，可以确定断层的性质。

（4）断层期次的判别　一条断层形成后，由于受后期构造改造或本身重新活动，使其运动方向或物理性质等方面发生转变。因此，在露头上和路线上力求收集准确的有相对时序关系的地质证据，其中较为重要的是结合构造要素组合和序列分析进行，如叠加的擦痕，构造岩相互交切，充填其中的岩体、岩脉被错开等。

3. 节理的观测

（1）观察点的选择　野外观测点是根据所要解决的问题选定的。每一观测点范围视节理的发育情况而定，一般要求几十条节理可供观测，而且最好将观测点布置在既有平面又有剖面的露头上，以利于全面研究节理。

（2）观测内容

①在任何地段观测节理，首先要了解区域褶皱、断裂的分布和特点以及观察点所在构造部位，然后根据不同的目的、任务，区分不同的岩性地层，观测和测量其中不同性质节理。观测内容包括：点号及位置，节理所在褶皱或断层部位，节理所在岩层时代、层位、岩性及产状，节理产状，节理面及充填物特征，节理的力学性质及旋向，节理密度（条/m）。

②区分节理的力学性质（张节理、剪节理、压性节理），并根据其性质做进一步的细分。根据节理面特点（如产状变化、光滑程度、充填情况、擦痕方向等）、组特点，以及尾端变化特点（如分叉、折尾、马尾状、火炬状等）来确定。节理若被脉体充填，调查时要尽量收集脉体的产状、规模、形态、间隔、充填矿物的成分及生长方向等数据，并根据节理或脉体的产状及性质分组，以它们之间相互交切、互切、限制、追踪以及脉矿物生长方向等分期配套，确定形成的先后顺序，并作素描图或拍照以说明其形态和相互关系。

③在选定地点内，对所有节理产状进行系统测量。测定方法和地层产状要素测定的方法一样，为特殊目的需要，如为确定某一组节理或充填脉与褶皱的伴生或派生关系，还要测定节理与层理、共轭节理等交线的产状，对于判别褶皱存在和褶皱几何形态有重要意义。

4. 片理的观测　片理是强烈变形和变质作用下形成的一种面状构造，它按一定方向将岩石分割成平行密集的薄片或薄板构造，具有明显的各向异性。片理是变质岩区主要的观察和测量对象之一。

野外要正确区分层理和片理。在变质岩发育区，原生层理常被片理不同程度地置换，甚至被其隐蔽，因而很易将片理误认为是层理。

沉积岩和火山岩中的各种原生层状构造由物质成分、粒度、硬度、颜色和固结方式等的差异所显现出来，并主要受叠覆原理和侧向堆积原理所制约，变质岩中的磁铁石英岩、大理岩、硅质岩等夹层可表现出层理延伸方向。

原生沉积构造主要包括层理构造（交错层理、递变层理、砂纹层理等）、层面构造（波痕、印模、泥裂、冲刷面等）、生物标志（叠层石、生物遗迹、充填构造等）以及火山岩系中的标志（杏仁及充填物、冷凝带）等。在野外，通过对岩性层的追索和分析，一般能找到某些变余层理和沉积构造标志。

片理最显著的特征是以不同角度交切岩性层理。在构造强烈置换区，层理和片理产状近于一致，岩层往往呈透镜状或岩性条带有规律展布，极易把片理当作层理，而把岩层定为单斜面。因此，要充分利用原生构造等标志和力求寻找褶皱的转折端，或由置换作用残留的钩状、"M"型片内褶皱转折端，才能区别片理和层理。

在野外工作中应充分和正确描述变质岩的矿物成分、结构构造，确定片理类型。观察片理中层状硅酸盐的矿物组合、变形程度和重结晶状况，了解变形变质作用的过程。

■ 三、 地貌调查

（一）地貌分类

研究地貌发展规律和分析地貌条件以及进行地貌区划等具有理论意义，每一个地貌形态及其发展阶段，不仅反映了其一定的岩性特征，也反映了一定的地形（如坡度、切割密度和形态）和一定的水文与土壤水文特征，因而对指导农业生产和土地利用规划都具有重要的实践意义。如大型厂矿的选址及建设、重要交通干线的修建、土地利用和农业布局、农田基本建设的工程措施等，都需要科学地对形态各异、特征有别的各种地貌形态加以认识。为此，需要对地貌进行合理地分类。全球可分为两大基本地貌单元，即陆地地貌和海底地貌。其中海底地貌可分为：大陆架、大陆坡、大陆基、大洋中脊、大洋盆地、岛弧和海沟等基本地貌类型。这里着重介绍陆地地貌分类。

自然界存在着各式各样的地貌类型。地貌是内外力相互作用的结果，由此产生的各种地貌形态都有各自独特的发展规律。不同成因的地貌在发展的某一阶段上，可能暂时具有相似的地貌形态，若继续发展又可能出现不同的地貌形态。相反，相同成因的地貌在发展的不同阶段上，也可能表现出不同的地貌形态。因此，在地貌分类中，一方面，如果只考虑形态而不考虑成因，只能了解地貌现代的形态特点而将会使具有发生发展联系的某类地貌分割开来，无法了解各种地貌的演变规律；另一方面，如果只考虑成因而不考虑形态，也会使具体的地貌实体完全抽象起来，也不利于将专业利用与地貌处理有效结合。因此，按形态和成因同时对地貌进行分类是被大多数地貌学家认可的，因为它既体现地貌形态受到成因的制约，又能反映地貌的实体。下面介绍地貌分别按形态和成因进行的分类。

1. 地貌形态分类 以我国为例，地貌按外表形态可分为：山地、丘陵、高原、平原和盆地。

（1）山地 山是指地面上四周被平地环绕的孤立高地，其周围与平地交界部分有一明显的坡转折。根据山的高度可将其分为极高山、高山、中山、低山。目前国内一般采用中国科学院地理科学与资源研究所提出的山地高度分类方案（表2-3-1）。

表2-3-1 山地形态分类

名称	绝对高度（m）	相对高度（m）
极高山	>5 000	>1 000
强烈切割 〉高山	3 500~5 000	>1 000
中等切割		500~1 000
轻微切割		100~500
强烈切割 〉中山	1 000~3 500	>1 000
中等切割		500~1 000
轻微切割		100~500
中等切割 〉低山	500~1 000	500~1 000
轻微切割		100~500

（2）丘陵 丘陵是指在低山周围、面积较小、相对高度低于100 m的山地。低山与丘陵没有明显界线，他们之间的区别只是相对高度与形态不同。如丘陵坡度较缓、坡脚不明显且没有明显的走向。丘陵在我国分布极广，在内蒙古高原和羌塘高原上也有丘陵分布。

（3）高原 高原是海拔较高的大片完整而又平坦的高地。我国高原均在海拔600 m以上，如青藏高原、黄土高原。

（4）平原 平原是地面起伏微弱的广阔平地。海拔高度在0~200 m的称为低平原，如华北平原；海拔高度200~600 m的称为高平原，如成都平原。

（5）盆地 盆地是四周为山地或高原，中间地形低平的地区。中间低平地区与周围山地的相对高度一般大于500 m。在我国各个盆地底部的海拔高程相差很大，如柴达木盆地底部海拔为2 700 m，而吐鲁番盆地底部海拔却低于海平面。

由于在不同的地区，现代冰川雪线、森林带的具体位置不同，引起各种营力性质和强度及所塑造的山地地貌形态的高度分布也不同等原因，目前，地貌形态分类尚无统一的标准。因此，上述各地貌类型的高度标准不是绝对的，应根据各地区具体情况具体分析。

2. 地貌成因分类 目前，地貌按成因尚没有统一的分类系统，下面介绍几种常见的成因分类。

（1）内力成因分类

①反映古构造（静态）的侵蚀型地貌（如侵蚀地貌中的背斜山、向斜山、

桌状台地、方山、单面山、猪背岭、断层三角面、断层崖、穿窿山、地垒山等）和堆积型地貌（如向斜谷、背斜谷、断层谷、地堑盆地、断陷盆地、顺向河、次成河、逆向河等）。

②反映新构造运动的侵蚀型地貌（如高原、山地、大陆架、大陆坡、海岭、平顶山等）和堆积型地貌（如平原、盆地、海沟、海盆等）。

③反映岩浆活动的侵蚀型地貌（如火山口、熔岩丘、熔岩柱、熔岩台地、熔岩垄岗等）和堆积型地貌（如火山锥、盾状火山、火山碎屑、海底火山等）。

（2）外力成因分类

①坡地重力作用形成的侵蚀型地貌（如崩塌坡、滑坡壁、滑坡裂缝、错落崖等）和堆积型地貌（如倒石堆、滑坡体、土屑蠕动坡等）。

②流水作用形成的侵蚀型地貌（如泥石流沟、切沟、冲沟、坳沟、河谷、阶地、河床、峡谷等）和堆积型地貌（如坡积裙、洪积扇、三角洲、堆积阶地、冲积平原等）。

③岩溶作用形成的侵蚀型地貌（如溶沟、溶洞、地下河等）和堆积型地貌（如石钟乳、石笋、地下河或湖的堆积等）。

④冰川和冰水作用形成的侵蚀型地貌（如冰斗、悬谷、冰蚀三角面、羊背石、冰蚀盆等）和堆积地貌（如终碛堤、冰川漂砾、蛇形丘、冰水扇等）。

⑤冻融作用形成的侵蚀型地貌（如冰楔、冻融夷平面、冻融台地、秃裸台地等）和堆积型地貌（如石海、石川、冰丘、冻融岩屑堆、冻融泥流坡、泥流舌、泥流阶地等）。

⑥风沙作用形成的侵蚀型地貌（如石窝、雅丹地貌、风蚀残丘、风蚀蘑菇、风蚀谷等）和堆积型地貌（如沙波纹、各种形态的沙丘等）。

⑦风、流水和重力综合作用形成的侵蚀型地貌（如山前夷平面、山前剥蚀残丘、黄土塬、黄土梁、黄土峁等）和堆积型地貌（如山麓裙、沙漠岩漆或结皮、石漠、砾漠、沙漠等）。

⑧海、湖和河水综合作用形成的侵蚀型地貌（如海蚀穴、海蚀崖、海蚀拱桥、浪蚀沟、河口岔道、冲刷坑等）和堆积型地貌（如水下堤坝、海积阶地、海滩、海岸堤、海滨平原、环状沙坝、河口沙嘴、沙坝、心滩等）。

⑨生物作用形成的侵蚀型地貌（如动物穴）和堆积型地貌（如珊瑚礁、泥炭沼泽草丘、河漫滩草地等）。

（3）人为成因分类　人为作用形成的侵蚀型地貌类型如露天采矿场、运河、渠道、坑道、梯田、钻孔等；堆积型地貌类型如土石堆、河堤、拦河坝、古代城墙及建筑物废墟、史前遗迹等。

（4）山地成因和平原成因分类　山地与平原是大陆表面最基本的 2 种形

态，成因上有很大的差别，而丘陵和山地的成因是相同的，这也体现了地貌的成因分类与形态分类的结合，因此，山地与平原的分类问题是比较重要的成因分类探讨问题。

①山地成因分类：山地成因分类主要有构造变动形成的山地、火山作用形成的山地和侵蚀切割形成的山地 3 种类型。

构造变动形成的山地是以地壳运动的影响为主而形成的山地，其中还可进一步分为褶皱山、断块山、褶皱断块山，其分布较广。褶皱山主要是由褶皱构造形成的山地，在地貌上表现为平行岭谷的相间分布，穹窿山也属于这种类型。断块山主要是由断裂错动而形成山地，如断层崖、断层谷、地垒、地堑等。褶皱断块山的主要成因是褶皱和断裂，这类山地构造形态上有被断层分离的褶皱岩层，再受不同岩性的制约，其在地表的形态较复杂。

火山作用形成的山地主要是由于地壳深处大量物质喷发到地表而形成的山地。酸性熔岩的火山具有陡峭的山坡，如穹隆状火山；基性熔岩的火山低、平、圆滑，如盾状火山和熔岩台地；还有火山锥，它是由火山灰、火山砾和熔岩堆积而成。

侵蚀切割形成的山地是地壳经过构造变形后，长期稳定，主要靠外营力的作用而形成的山地。目前，这种侵蚀山主要以中低山群和丘陵地形出现。由于构造和岩性不同，各种侵蚀山地在形态上又有各种表现，往往是将形态分类与成因分类相结合，例如，黄土沟谷地貌、红岩盆地和丘陵、平行岭谷低山和丘陵等。

②平原成因分类：根据成因分类主要可将平原分为构造平原、剥蚀平原和堆积平原等几种类型。

构造平原是新近轻微上升形成的，微有倾斜或水平的岩层表面尚未遭受明显的侵蚀过程，如滨海平原。剥蚀平原是由地壳轻微上升，受各种外营力长期剥蚀而形成的，根据外营力不同又可再分为次一级的地貌类型，如海蚀平原、流水剥蚀平原、冰蚀平原、风蚀平原等。堆积平原是由各种外营力堆积作用而形成的，根据外营力的作用可再分为次一级的地貌类型，如河流冲积平原、湖积平原、洪积平原、冰积平原等。

（二）第四纪沉积物

第四纪堆积物是人类赖以生存的基础之一。农业植根于由各种松散的第四纪堆积物发育的土壤，大量的地下水存在于堆积物孔隙中，部分重要矿产（沙金、金刚石、锡、盐和硼等）和建筑材料（土、砂、砾石）也产于第四纪堆积物中。人类过去、现在和将来都离不开第四纪时期的堆积物。

第四纪形成的松散物质一般称为堆积物。一般说来堆积物无明显外动力搬运、分选或成层构造，如残积物、重力堆积物、地震堆积物、人工堆积物等，而有层理者，可以称为沉积物。

1. 第四纪沉积物的特征

（1）岩性松散　第四纪沉积物一般形成不久或正在形成，成岩作用微弱，绝大部分岩性松散，少数半固结，极少数硬结成岩。这一特点有利于将反映形成时的古气候、古环境信息保存下来。在第四纪松散物质中，采矿、施工易于进行，但也因此易于发生灾害。

（2）成因多样　由于第四纪气候、外动力和地貌多种多样，由此而形成多种多样成因的大陆沉积物和海洋沉积物。各种成因沉积物具有不同的岩性、岩相、结构、构造和物理化学性质与地震效应。

（3）岩性、岩相变化大　即使同一种成因的陆相第四纪沉积物，由于形成时动力和地貌环境变化大，因此沉积物的岩性、岩相结构变化也大。第四纪海相沉积物则远较陆相沉积物岩性、岩相稳定。

（4）厚度差异大　剥蚀区第四纪陆相沉积物厚度一般小，从几十厘米到十几米，堆积区（山前、盆地、平原、断裂谷地）可达几十米甚至几百米。

（5）风化程度不同　陆相沉积物大多出露在地表，受到冷暖气候交替变化的影响，时代越老者风化程度越深。

（6）含有化石及古文化遗存　在有的第四纪陆相沉积物中，含有大型和小型哺乳动物化石、古人类化石、石器和陶器、用火遗迹（如灰烬和炭屑）及村舍遗址等。

2. 第四纪沉积物的成因类型

（1）第四纪沉积物成因类型分析　沉积物成因类型是地质营力形成的。一种地质营力可以出现在不同的气候带或地貌单元。以河流为例，按气候带有寒带、温带、亚热带和热带河流；按大型地貌单元有山地河流和平原河流；按形态单元则有曲流、辫状河等。沉积物成因类型分析以研究某一地质营力在不同环境所形成沉积物的共同特征为主，并以这种共同特征指导区域和单元形态的沉积物成因研究。但应注意地质过程的复杂性，如温带平原曲流河所形成的冲积物，被视为河流沉积物的典型，而其亚型则多种多样。

凡以1种地质营力为主形成的沉积物划分为单一沉积物成因类型，如河流冲积层、湖积层、洪积层等。以2种地质营力为主形成的沉积物为混合成因类型，如洪冲积层（冲积为主）、冲洪积层（洪积为主）等。不应划分出多于2种以上地质营力的混合类型，以免增加成因类型的模糊性。普遍常见的成因类型是残积物、坡积物、洪积物、冲积物、风积物、黄土、湖积物及它们组成的有关混合类型，其他成因堆积物有地带性。

第四纪沉积物成因类型与岩相既有联系，又有区别。岩相与较长的地质时期（一般大于 1 Ma）内地质作用平均总和的沉积环境相对应，其结论用于矿产的价值比用于环境的价值大；而第四纪沉积物成因类型研究是以 2.4 Ma 前开始以来的动力、地貌、古气候、古环境和灾害形成的沉积物为主要研究对象，其解析程度可以达到 100 ka、10 ka、1 ka 甚至 1 a，其结论除用于第四纪矿产和水文、工程地质外，还可用于环境与灾害研究和变化预测。

（2）第四纪沉积物成因类型　首先按大陆、海洋和过渡环境分出三大类沉积物系统。其中大陆沉积物系统又按地质营力的类同和沉积物在剖面上的组合划分不同的沉积物成因组。三大类沉积物系统在成因组之下按地质营力的个别特征分为若干沉积物成因类型，成因类型按岩性结构特征或亚环境中营力特点还可进一步分为亚类（表 2-3-2）。

表 2-3-2　第四纪沉积物的成因分类

（据 E. B. 桑泽尔，1957，有修改补充）

大类	成因组	成因类型	代号
大陆沉积物系统	残积组	残积物	*el*
		土　壤	*pd*
	斜坡（重力）组	崩积物	*col*
		滑坡堆积物	*dp*
		土溜堆积物	*sl*
	流水组	坡积物	*dl*
		洪积物	*pl*
		冲积物	*al*
		泥石流堆积物	*df*
	地下水组	溶洞堆积物	*ca*
		泉　华	*cas*
		地下河沉积物	*cal*
		地下湖沉积物	*call*
	湖沼组	湖积物	*l*
		沼泽堆积物	*fl*
	冰川—冻土组	冰碛物	*gl*
		冰水堆积物	*gfl*
		冰湖堆积物	*lgl*
		融冻堆积物	*ts*

（续）

大类	成因组	成因类型	代号
大陆沉积物系统	风力组	风积物	*eol*
		风成黄土	*eol-ls*
	混合成因	残坡积物	*eld*
		坡冲积物	*dal*
		冲洪积物	*alp*
		冲湖积物	*all*
海陆过渡沉积系统	海陆交互组	河口沉积物	*mcm*
		潟湖沉积物	*mcl*
		三角洲沉积物	*dlt*
海洋沉积系统	海洋沉积组	滨岸沉积物	*mc*
		海岸生物沉积物	*mr*
		浅海沉积物	*ms*
		深海沉积物	*md*
	其他	成因不明沉积物（*pr*）、内力作用沉积物（火山作用）（*vl*）、人工沉积物（*h*）	

（三）地貌演变与地貌重塑

地貌变化通常分为 2 种情况。一是长期性的地貌变化过程，从整体来看，地貌变化是缓慢的或微量的，具有长期性的渐变特点。风化剥蚀、流水侵蚀和堆积风蚀风积、山地上升以及地面沉降等都是渐变过程。山脉的发展变化十分缓慢，通常需要数十万年、数百万年乃至数千万年，才能显现出巨大的变化来。二是短时性的地貌变化过程，从局部来看，地貌变化可能以突变方式出现，例如地震灾害、火山喷发、山体滑坡、泥石流等具有短时性和突变性特点。这些地貌过程，可以阻塞河道、毁坏森林、导致水土流失、使环境发生局部性变化。同时，随着人类改造自然能力的不断提高，人类活动已成为现代地貌的第三营力，影响着地貌的形态特征及其过程，并创造出新的人工地貌。

本节以短时性地貌变化为关注点，主要探讨地质灾害和人类生产建设活动带来的地貌变化。

1. 地貌变化的类型

（1）地质灾害带来的地貌变化

①地震灾害：地震灾害是一种破坏性极强的地质灾害。地震是大地的振

动，振动从震源传出，在地球中传播。强烈的地震能够导致地面沉陷或隆起，造成地面断裂，出现活断层，诱发大规模的砂土液化、崩塌和滑坡，河水堵塞或决堤，建筑物倒塌或损毁，电路故障，水道断裂等。

②崩塌、滑坡、泥石流灾害：崩塌可分为山崩、崩岸、岩崩和岩屑崩落等类型。沿斜坡崩落的石块和碎屑，在坡度平缓的坡麓地带堆积形成崩塌堆积物，崩积物堆积成锥形体，称为倒石锥。

滑坡是斜坡上的土体和岩体，由于地表水和地下水的影响，在重力作用下沿一定滑动坡整体下滑的现象。一个完整的滑坡通常包括滑坡体、滑坡床、滑动面和滑坡带、滑坡壁、滑坡台阶、滑坡舌、滑坡洼地与滑坡湖以及滑坡裂缝。

泥石流是一种特殊的洪流（沟谷流），是山地沟谷中含有大量松散固体碎屑的洪流。它常在暴雨或融雪时期突然爆发，速度快，历时短，有很大的侵蚀与搬运能力，是一种严重的地质灾害。泥石流的地貌一般可分为形成区、流通区和堆积区3个部分。上游形成区的地形多为三面环山，一面出口的瓢状或漏斗状，地形比较开阔，周围山高坡陡，山体破碎，植被生长不良，这样的地形有利于水和碎屑物质的集中；中游流通区的地形多为狭窄陡深的峡谷，沟床纵坡降大，使泥石流能迅猛直泻；下游堆积区的地形为开阔平坦的山前平原或河谷阶地，使堆积物有堆积场所。2012年甘肃舟曲泥石流就是在连续的暴雨后，在较陡峻的地形中发生的（图2-3-1）。

图2-3-1　舟曲泥石流前后对比

（2）人类生产建设活动带来的地貌变化　人类生产建设活动与其他自然外营力一样，这种作用过程同样可分为侵蚀、搬运和堆积过程，侵蚀过程包括地下工程和基坑开挖、地下资源开采、旧建筑物拆除、人工运河和湖泊开挖等，形成露天采矿场、运河、渠道、坑道、梯田、钻孔等侵蚀性地貌；搬运过程是在人类活动中，把一些物质从一个地方运移到另一个地方；堆积过程主要包括各种建筑物和构筑物的修建、垃圾废弃物堆放、路基建造、低洼区平整等，形成土石堆、河堤、拦河坝、古代城墙及建筑物废墟、史前遗迹等堆积性地貌。

例如，高速公路、铁路等项目在建设过程中往往需要开挖路堑、开凿隧道、取土填筑路堤等，破坏原本的地貌形态，形成侵蚀性地貌。修筑梯田改变了原始的丘陵地貌，通过修筑一道道堤坝涵养水源，形成条状阶台式或波浪式断面的田地，形成堆积地貌。大型水坝建设，既涉及对坝底基岩的开凿侵蚀，又包括整修坝体的修建堆积。潮滩围海堤建设，既包括对滩涂底质的挖掘，又包括土质或石质海堤的堆积。在人类生产建设过程中，水泥、钢材、木材、砂石等材料形成了城市这一堆积性地貌，而附近则因被挖掘而形成沙坑、砾坑、采石场等侵蚀性地貌。

矿产资源开采也会造成地貌的挖损、塌陷和压占。挖损是由于人类对露天矿上覆土层与岩层的直接挖掘、开采所造成的土地破坏；塌陷是由于井工开采造成的地表陷落、裂缝、错动等地貌破坏；压占是指露天开采和井工开采时排出的固体废渣堆积、占用土地造成的地貌破坏。

我国煤炭资源开采以井工开采和露天开采为主，其中井工开采对于地貌的破坏可以分为以下3种类型：①地表下沉盆地。地表沉陷地的最明显破坏形式为下沉盆地，在地表下沉盆地形成的过程中，改变了地表原有的形态，引起了高低、坡度以及水平位置的变化，同时，开采沉陷给影响范围内的道路、管线、河渠、建筑物和生态环境都带来了不同程度的影响。②裂缝及台阶。在地表下沉盆地的外边缘区，地表可能会产生裂缝，容易造成水土流失和养分流失，影响农业生产。当裂缝大到一定程度时还会出现堑沟或台阶，对地表的破坏更大。③塌陷坑。塌陷坑多出现在急倾斜煤层开采的地区，但在浅部缓倾斜煤层开采地区，也可能会出现漏斗状塌陷坑。

露天煤矿在开采过程中也会对地貌造成变化，形成开采地貌和重塑地貌。开采地貌是一种动态的地貌，伴随采矿的整个过程发生、演变和消失，按照开采过程将其分为剥离地貌、矿坑推进地貌和排弃地貌。剥离地貌即将覆盖在矿体上部及其周围的浮土和岩石剥离后所形成的阶梯状地貌，每一阶梯坑道纵横交错，呈不规则条带状分布，从整体上看，整个矿坑呈分层的梯田状。矿坑推进地貌是开采过程中矿坑不断向前整体移动所呈现出的地貌景观，这种地貌因煤层地质条件和开采设计从原始地貌不断向垂直方向的上下推进和水平方向的采掘推进，最终根据开采规模情况形成长宽各数百米至千米的大坑，并以较为稳定的面积向前推进，如山西朔州的平朔煤矿（图2-3-2）。排弃地貌是指从排弃开始到排弃完成稳定这一过程中所形成的不断变化的地貌景观。在此过程中，从剥离工作面剥离下来的岩土会被运输到对应高度排弃工作面，形成平台和边坡相间呈台阶状堆叠的外观。

重塑地貌是指露天矿采矿、排弃完成后的遗留地貌经过地形改造和植被重建后所最终形成的地貌，按其形态特征的不同可分为遗留矿坑地貌、外排土场地貌和内排土场地貌。遗留矿坑地貌是指采矿遗留的矿坑剥离坑道及采坑等组成的负地形，形状如一个倒置的草帽。外排土场地貌的形成过程是将剥离过程中产生的废弃土石堆置于原地貌，自下而上层层堆叠，最终形成一个平台与边坡相间的金字塔状的大型堆积体，形似一个小山丘。内排土场地貌的形成过程是在采空区堆置土石而逐渐回填采坑，最终会形成阶梯式大型人工堆垫地貌。

a   b

图 2-3-2 平朔煤矿

a. 复垦前   b. 复垦后

2. 地貌变化的遥感影像特征

（1）地质灾害地貌变化解译特征 基于遥感的地质灾害地貌变化解译原理是基于地质灾害与其背景岩石或地层有一定的色调、形状、阴影纹理及图形的差异。在遥感影像中显示的地质灾害体特定的色调、纹理及几何形态组合，被称为地质灾害地貌变化识别的直接解译标志，而地质灾害造成的植被、水系及景观生态等的异常突变，可为地质灾害地貌变化的判定提供间接标志。

①地震：地震后受损的建筑物在遥感影像特征上与正常建筑物相比，具有不规则性和紊乱性等特点，主要体现在波谱特征和结构特征2个方面。在波谱特征方面，通常随着建筑物倒塌程度的加大，地表对太阳辐射的反射方式也从原来的镜面反射向漫反射转化，致使影像灰度值增加、离散值减小。在结构特征方面，建筑物外形轮廓图案消失，没有完整的几何形状和线状纹理或不具外形几何影像形态，或外形图案影像凌乱，轮廓影像不清，倒塌部分在影像上呈暗色或黑色的杂乱斑点状，使原来规则的色调发生变化，建筑物布局影像消

失，相邻街道或人行道被堵塞或无法辨认。

②滑坡：地震诱发的滑坡以长条形、勺形和不规则形居多。由于地震诱发大中型滑坡多具有高速远滑的特点，灾害体多沿沟谷呈碎屑状流动，因而在纹理上具有明显的流纹特征。滑坡前缘有小崩塌，并受河水冲刷，山坡上无巨大直立树木，且有新生冲沟；斜坡较陡且长，虽有滑坡平台，但面积不大有向下缓倾的现象，有时在滑坡体上可见到裂缝。陡峭的滑坡后壁和它们形成的围谷在图像上表现为向上弯曲的弧形影像。由于不能直接见到滑坡的地下部分，滑坡体和滑坡后壁则成为滑坡遥感解译的 2 个最基本要素。

③崩塌：崩塌一般在 55°～75°的陡坡前易发生，上陡下缓，崩塌体堆积在谷底或斜坡平缓地段，表面坎坷不平，有时可出现巨大块石影像。崩塌轮廓线明显，有时处于遥感影像的阴影区，不易识别。崩塌壁颜色与岩性有关，但多呈浅色调或接近灰白，不长植物。崩塌体上植被不发育，仅在老崩塌堆积体可见零星分布的植被。近期发生的崩塌，崩塌面和锥状崩塌堆积物的色调与周围地物具有显著差异，崩塌壁在斜坡上呈条带状，在平面上呈锯齿状，其下方杂乱的崩塌堆积物在影像上呈斑点状纹理，植被较外围稀少或基本没有植被生长。崩塌体上部外围有时可见到张节理形成的裂缝影像。

④泥石流：地震诱发的泥石流在成灾时间上具有明显的滞后性，在航空影像上坡面泥石流比较多见，影像特征为沿河流和沟谷呈扇状分布，一般分布在地势起伏较大，地质条件不稳定的山区，大多数沟谷型泥石流沟为潜在泥石流沟，在航空影像上可见到丰富的物源。相比地震诱发的泥石流灾害，下雨导致的泥石流扇体的色调一般表现为较强的均一性，影纹结构表现为均匀分布的颗粒状、斑点状，粗糙感强烈。同时也可依据环境要素特征辅助识别泥石流，发生泥石流的沟谷的环境要素有一定的组合特征。

（2）生产建设地貌变化解译特征　首先根据遥感图像了解矿井所在位置以及矿区的地质构造特征，再根据影像上的色调、植被、微地貌、水体等反映的异常现象解译采空塌陷。其主要解译标志如下。

①采煤塌陷区在影像上表现为独立的环形、椭圆形斑点和斑块状，或独立或成群分布，色调明暗不同。积水采空塌陷卫星遥感影像特征表现为不规则边界的碟状，假彩色合成影像色调以蓝黑色、黑色为主基调，多时相融合影像暗品红色、灰蓝色区域内往往具有浅色网格状、条状结构，说明该区域早期尚未有积水，而是农田或其他裸露的地面；呈黑色的区域是多年均为积水区。采空塌陷洼地一般分布在积水采空塌陷的外围和煤田开采塌陷程度较轻的地区，地表未出现积水，在增强处理卫星遥感影像上的特征为形态上不规则，色调以暗色为基调。

②采煤塌陷区的边缘部位常出现张性裂隙，这些张性裂隙在航片上常形成弯曲的条纹和纹理。张性裂隙内富水并且植被往往较为发育。塌陷区边缘形成不规则封闭、半封闭的环形带或条带影像，有时呈断续的带状。小幅地面塌陷造成土壤结构和水分含量的变化，显现出塌陷轮廓。一些地面塌陷区虽已填平，但其浅色环状轮廓仍隐约可见，排列极不协调。

③煤矸石山高度一般小于 100 m，随着时间的推移，煤矸石堆积量呈逐年增加趋势。其卫星遥感影像特征表现为：形态上呈不规则形状，色调以深灰色为主基调，斑纹杂乱。

④塌陷区内的人工建筑物遭到破坏，如河堤和道路塌方及居民点被迫搬迁，这些影像都是采空塌陷的间接解译标志。

⑤塌陷区的土地利用率明显低于非塌陷区，其弃置地较多，这易与非塌陷区相区别。

⑥塌陷区的地表水体形状为不规则状，不如人工开挖的湖塘规则整齐。在塌陷积水区的边缘可以人工开发整齐的精养鱼塘。

⑦在塌陷区的复垦区，由于回填造田用的都是矸石和电厂的粉煤灰，复垦区内植物稀少，色调为灰—灰白色，这也是判读塌陷区的重要标志。

露天开采煤矿由于开采规模大，影响特征非常明显，矿区盘旋的运输道路、大型的边坡、活动采面、排土场等矿山地物均易于识别。

⑧开采工作面：露天开采矿产资源对原始地貌改变极大，其开采工作面以暗黑色为主，露天采场开采前的植被全部被破坏，因此开采前后的遥感影像图对比上可以看出露天采场与周边地区的色相、纹理差异显著，并具有明显的界线。

⑨排土场：排土场颜色偏暗黄色，呈不规则形状，纹理略为单一。在遥感影像上能明显看出与周围地物的差异，且围着开采工作面呈梯状分布，立体感较强。

⑩矿山道路：矿山道路边界通常较清晰，颜色为灰白色，亮色调，在影像上目标显著，可在影像上直接标示出来，容易识别。

⑪矿山建筑：矿山建筑与煤矿的矿山建筑相类似，轮廓清晰，呈块状分布，颜色蓝色或者白色居多，与周围的其他地物颜色差距比较显著。大型的矿山建筑排列比较整齐，且有明显的人类活动迹象。小型的矿山建筑较为松散，规模小，通常为简陋的工棚或几间单独的房屋，容易分辨。

3. 地貌重塑技术

（1）地质灾害损毁修复技术　滑坡修复防治措施通常分为 3 种类型：减小下滑力、增大抗滑力抗滑方法，增大边坡岩体强度抗滑方法，人工建造支挡物抗滑方法。

①减小下滑力、增大抗滑力抗滑方法，包括缓坡清理法和减重压脚法2种。缓坡清理法是通过对滑坡上部进行削坡，减小坡度，从而减小下滑力；而减重压脚法在滑坡上部削坡的基础上，同时将土岩堆积在滑体的抗滑部分，使抗滑力增大。

②增大边坡岩体强度抗滑方法，包括松动爆破滑面法、疏干排水法、切断弱面回填法、注浆法和焙烧法。松动爆破滑面法是以松动爆破法破坏滑面，使附近岩体的内摩擦力增大，同时使滑体上部的地下水通过松动岩体渗入稳定的滑床。疏干排水法是将滑坡体内附近地下水疏干，从而增大岩体的内摩擦角和黏结力。切断弱面回填法是用采掘机械切断弱面，并立即回填以切断滑面的连续性；回填土岩的内摩擦角要大于顺滑面的内摩擦角。注浆法是用浆液充填岩体中的裂隙，加强整体性并使地下水没有活动的通道。焙烧法是对滑面附近的岩体进行焙烧，使岩体的强度提高，同时排出地下水。

③人工建造支挡物抗滑方法，包括抗滑桩支挡法、锚索（杆）加固法、挡墙法。抗滑桩支挡法是在滑面上打一些抗滑桩，通过柱体与柱周围的岩体相互作用，将滑体的下滑力由柱体传递到滑面以下的稳定岩体中。锚索（杆）加固法是在滑面上打锚索（杆），并对锚索（杆）施加预应力，从而增大滑面的正应力使滑面附近的岩体形成压密带。挡墙法是在滑体的下部、滑动方向上修筑挡墙，以增大滑体的抗滑力。

（2）生产建设损毁修复技术　生产建设损毁修复技术主要以矿区复垦为主，矿区土地复垦不强求恢复到塌陷前的状态，而是本着因地制宜与经济效益、环境效益、社会效益相统一的原则，宜农则农、宜林则林、宜建则建，或可开发为休闲场所。生产建设损毁修复技术按复垦方式可分为充填复垦和非充填复垦。

①充填复垦技术：充填复垦技术是利用煤矸石、粉煤灰等固体废弃物充填塌陷区复垦。其中，煤矸石充填复垦技术是矿区普遍采用的土地复垦方法，煤矸石充填既可使采煤破坏的土地得到恢复，又可减少煤矸石占地，消除煤矸石山对环境的污染。煤矸石复垦土地作为建筑用地时，应采用分层回填、分层夯压方法使充填煤矸石达到地基的承载能力。当煤矸石复垦土地用于农林业种植时，充填的煤矸石层应下部密实上部疏松，以利保水保肥，有利于植物生长。粉煤灰是火力发电的生产废弃物，其中含有对农作物生长有益的元素，具有改善土壤物理性质的结构特征。利用粉煤灰覆土造地，不仅解决了粉煤灰大量存储带来的大气污染、土地压占的问题，还能充分发挥粉煤灰的理化特性，是技术上可行、经济上合理的充填技术。

②非充填复垦技术：煤矸石一般只能回填塌陷区总面积的 15%～20%，因此，还必须采用非充填方式复垦部分塌陷区，这对于浅塌陷区（平均塌陷小于 2 m）治理具有明显的优越性。浅塌陷区多形成于开采煤层厚度不大的矿区和采空区边缘区，地下水位相对上升，地表不积水，可能使农田减产。在高潜水位塌陷区，常年被水淹没，在黄淮平原矿区常见，这些塌陷区可采用挖深垫浅、疏导水系等综合治理方法，因势利导，变水害为水利；也可效仿江南水乡基塘模式，将塌陷区复垦为鱼米之乡；也可将常年积水的塌陷区建成水上公园。

（四）地貌调查程序

地貌调查就是对自然界千变万化的地表形态、结构和分布等从点到面的观察，并由表及里、从微观到宏观进行分析和研究，用文字和图件准确地表达出来。地貌调查的程序一般可分为 3 个阶段：准备工作阶段、野外调查阶段、室内整理阶段和总结阶段。

1. 准备工作　准备工作包括明确调查任务和要求，收集研究已有的基础资料，了解调查地区的情况，制订工作计划，做好组织、技术、物质等准备工作。

（1）收集、整理调查地区资料　在准备阶段，要全面收集和整理已有的有关调查区和邻近地区的地貌、第四纪地质、区域地质、水文地质、工程地质和自然地理的资料，以及相关报告和图件、航空像片（航片）和卫星像片（卫片）等，并且进行初步判读。航片和卫片的判读对大地貌形态，断裂构造的宏观特征，山脉、水系与构造关系等都有较好的显示。近年来多使用航片与卫片来进行工作，大大提高了工作效率。例如被田地破坏的古城、古阶地等都能在航片和卫片中反映出来，指出古河道等的位置。考察空白区的情况也能被较好地反映，如罗布泊湖盆的形态、各时期的湖岸范围等。航片、卫片的使用能节省大量的调查时间。

同时还要准备一份调查地区的地形图（一般要比最后的成图比例尺大），便于在野外更准确地填绘和勾画出各种地貌的界线，以提高工作的效率和精度。

在阅读和整理已有资料时，一般应着重查阅有价值的较新的总结性资料，然后按调查时的先后顺序或专题内容系统整理各项资料。需要指出，在吸取前人工作成果的同时，要分析过去工作中存在的问题，研究解决的途径和办法，以供野外调查时参考。

（2）制订工作计划　根据承担的任务，参照规范，并结合研究地区的具体情况，编写计划任务书，报上级审批。计划任务书一般包括下列内容。

①前言：前言包括任务的目的和要求，研究地区的位置、范围、交通、地质和自然地理概况、研究程度等，地貌概况以及存在的主要问题。

②工作方案：工作方案包括完成任务准备采用的工作方法、技术手段和要求、工作量和人员配置、工作部署和时间安排、所需装备和经费等。

③预期成果：预期成果包括根据任务和规范所能最后提交的报告、图件和精度等项目。

2. 野外调查　在野外通过路线和点的调查，选择重点和典型地点测绘地貌和第四纪地质剖面，统一要求和方法，观测、记录、填绘各种图件、采集各种标本和样品等工作。野外调查任务可分为初步踏勘和全面勘查 2 个阶段。

(1) 初步踏勘　选择几条不同方向贯穿全区的路线，尽可能穿越地貌类型多、第四纪沉积物出露条件好的地区，经常采用的是穿越主要山地以及横切河谷、冲沟的路线，便于了解全区情况和工作条件。同时对遇到的典型地点进行地貌与第四纪地质剖面的测绘，以便进一步统一认识，并提出技术和方法上的要求与原则。

(2) 全面勘查　这项工作一般由多人同时进行，即按适当的距离布置观测路线和观测点，通过这些点、线构成全区观测网，进行全面的地貌调查。点与点之间还要进行沿途观测。点和路线的分布及疏密度，取决于任务的要求和研究区的地貌与第四纪地质的发育和复杂程度。

对于观测路线的布置，不同地区的要求不同。①在平原区，因其地貌类型较单一，起伏较小，第四系地层的出露较差，故观测路线的间距可以适当放宽，但要尽可能穿越河谷、冲沟和陡坎等地貌类型变换处。②在山前区，由于山前地区地貌较复杂，变化较大，第四系地层较发育，故布置路线时，既可沿沟谷而上垂直山地走向，也可穿越沟谷平行山地走向，便于跟踪地貌类型和第四系地层的变化和界线，特别要注意观测地质构造和新构造运动对地貌的影响。③在山地区，由于山地的地形起伏大，地貌类型和第四系地层局部变化大，地质构造复杂，因而选择路线时，除若干横切河谷和分水岭外，常采用界线追索法，搞清地质构造、岩性与地貌类型和新构造运动的关系，特别要注意观测坡地的发育及其产生的自然灾害，如崩塌、滑坡和泥石流。还应注意分水岭地区古地形面的调查。

另外，对于地貌问题有争论或未解决的地区或地段，应布置专门的地貌观测路线。要确定地貌类型的分布界线，也要进行某些地貌路线观测。在选择路线时，还应考虑调查地区的交通条件。

对于观测点的选择，一般在地貌形态完整或有显著变化的地点以及第四系地层露头较好、地层齐全、厚度较大、化石较多、构造形迹较清楚的剖面进行详细地定点观测和描述。除了有广泛代表性的典型观测点外，还应选取多个在地貌和第四系地层的各种类型有变异的地点作为辅助观测点，以此作为补充。对某些自然现象（如基岩的岩性、产状、结构、构造，土壤、植被和水文等）和人类活动对地貌和第四系地层发育有直接影响的地点也要进行定点观测的描述。总之，要根据实际情况，在一定的范围内科学地放宽和加密观测点，不能机械地平均分配。

3. 室内整理、总结

（1）野外记录本、标本和照片的整理　检查、复核、补充、修正野外记录，并进行归纳整理和综合分析。清理、分析和鉴定各种标本和样品，对照片进行放大或剪接，并加注文字说明。

（2）图件整理　进行图件的清绘和编制。

（3）总结　总结工作，发现并解决问题，最后编写报告。报告一般包括以下几点。

①绪言：绪言部分包括工作任务来源、目的、要求，调查区地理位置、行政区划、面积等，工作组成员、工作方法、完成工作情况和主要资料、成果等。

②区域地理概况：这一部分包括气候、水文、土壤、植被、地形地貌、社会经济情况等。

③第四系地层的描述：按照第四纪年代顺序，从老到新，分别描述沉积物的成因类型、分布、岩性（包括颜色、成分、结构和构造）、厚度、产状和化石等。

④地貌类型的描述：按照地貌的成因、类型，从大到小（或从高到低），分别描述其形态、大小和分布规律、物质组成、结构特点、形成年代、发育过程、地貌组成特征和地貌分区等。

⑤新构造运动的特征：描述新构造运动的形迹在地貌和第四系地层中的表现，并说明运动的性质、幅度和时代特征等。

⑥结语：在分析研究调查资料的基础上，说明地貌调查在生产实践中的重要意义，并提出结论性的意见和建议。

（五）野外地貌观测和记录的内容

1. 地貌形态的测量与描述　地貌形态特征要从定性和定量 2 个方面进行观测和记录，即要对地貌进行形态测量和形态描述。测量与描述的内容包括大的地貌形态特征，如山地、高原、丘陵等，它们是多种地貌类型的形态组合；然后是次一级的地貌形态特征，如冲积扇、河漫滩、三角洲、倒石堆、阶地等；最后是组成地貌的要素特征，如自然堤、阶面、阶坡、坡麓、斜坡等。

在测量与描述的过程中要注意各种地貌的形态（如三角形、阶梯形、扇形等）、形体或面积、空间分布、密度、表面起伏变化（如坡形、坡度等）、山地丘陵的切割深度等。其中，有的数据可直接通过测量地形图和航空像片获取。

由于地貌的等级和组合不同，一般是从大到小、从整体到局部，也可以按照地貌单元所处的地形部位依次描述，如对河谷的描述顺序一般是：河床—河漫滩—阶地—谷坡—山坡。

2. 地貌物质结构的观测与描述　特别要详细观测与描述外力形成的堆积地貌第四系地层的露头，它常是决定该区地貌的成因和年龄的重要依据。选取地貌物质结构较好的露头，由上到下、由表及里描述岩石的名称、结构、构造、厚度、产状、风化特征、年代、成因、层序、分布规律、相邻层位的接触关系及其对地貌发育和形成的影响等。

3. 调查地貌类型之间的相互关系　在野外进行地貌调查时，需注意地貌与其他自然要素之间，各种地貌类型之间以及同一地貌类型的各个要素之间等在成因、发育上的联系和空间变化。如洪积扇的变形与新构造运动的关系，河谷阶地纵横剖面的变化，剥夷作用与相关沉积之间的关系，沙丘的分布与主风向的关系，冰斗与雪线的关系，海蚀穴与激浪的高度关系，岩溶的水平溶洞分布与成层性的关系等。

4. 观察现代地貌作用和过程　现代地貌作用往往对工程设计和施工产生直接影响，必须对其详细观测和记录，如滑坡、泥石流、水土流失、泥沙沉积、风沙移动、边岸的冲刷等。要研究它们发育阶段、形成过程、作用规律、影响强度、危害程度等，为预测其对生产产生的影响和提出防治措施提供依据。

5. 地貌成因的分析　地貌形态和空间分布是确定地貌成因的重要根据。不同或相同等级地貌形成的主导营力不同。对于以外营力为主形成的各种堆积地貌，如河漫滩、坡积裙、洪积扇、三角洲、堆积阶地、倒石锥、终碛堤、沙堆、沙丘、海滨平原等，其成因要根据其形态特征、物质的组成、结构与岩相特征（如颗粒大小、层理、化石等）和它们所受的作用来确定。对各种成因的侵蚀地貌（冲沟、夷平面、侵蚀阶地、基座阶地、风蚀柱、黄土丘陵、洼地、悬谷、溶蚀洼地等），要根据其形态特征、分布规律、地质构造、岩性、自然地理条件或古地理环境以及其他地貌类型的组合和相关沉积物的关系来确定。对于以内营力为主而形成的地貌类型，如向斜谷、背斜山、断层崖、单面山、猪背岭、平原、高原、火山、穹窿山、地垒山、地堑盆地、断陷盆地等，要对其地质构造和地貌特征进行详细调查、综合分析后才能确定其成因。

6. 地貌年龄的确定　地貌年龄分为相对年龄和绝对年龄。地貌相对年龄的确定是通过各种地貌的分布及其相互关系，特别是要查明组成地貌的地层时代，以此来确定地貌形成的时代。如较新的地层充填在负地貌中，或被确定为地貌的相关沉积物时，它的地层时代确定一般是推测地貌相对年龄的重要根据。又如，夷平面和侵蚀阶地等，其高程越高，形成时代越老，高程越低，时代越新。如要进一步确定它们的时代，就要根据它们的相关沉积物的时代或组成它们的基岩的最新地层时代与其最老覆盖物的地层时代来确定。

要确定堆积作用形成的冲积平原、三角洲等地貌类型的形成时代，可调查其组成沉积物的时代。沉降盆地和河谷等地貌类型，可根据其埋藏在盆地和谷地的基岩面上沉积物的地层时代来确定盆地和河谷形成的时代。在一地区，如能确定某一沉积物的时代就能推知与它有关的同时异相沉积物所组成的地貌形成时代。因此，调查清楚地貌类型之间重叠、切割等关系，对于确定地貌形成的相对顺序也很重要。

地貌绝对年龄的确定是通过实验室测定有关沉积物的绝对年龄。常用测定方法有：^{14}C 法、^{36}Cl 法、K-Ar 法、^{10}Be 法、铀系法、热释光法、地球化学元素法（^{137}Cs、^{210}Pb、^{226}Ra、^{232}Th）等。这些方法可在一定时段范围内准确确定沉积物或化石距今年代。

■ 四、 地质地貌调查的遥感方法

遥感技术是 20 世纪 60 年代迅速发展起来的一门综合性探测技术，是在远离被测物体或现象的位置上，使用一定的仪器设备接收记录物体反射或发射的电磁波信息，经过对信息的传输、加工处理及分析解译，对物体的性质及其变化进行探测和识别的理论和技术。遥感作为现代信息技术的重要组成部分，是采集地球空间信息及其动态变化资料的主要技术手段，成为地球科学、农业资源与环境、测绘勘查、农林水利等领域研究的基本方法。

（一）遥感地质调查的基本原理

现代遥感技术的基本过程是：距目标物几米至几千千米的距离之外，以汽车、飞机和卫星等为观测平台，使用光学、电子学或电子光学等探测仪器，接收目标物反射、散射和发射来的电磁辐射能量，以图像胶片或数字形式进行记录；然后把这些信息传送到地面接收站，接收站把这些遥感数据和胶片进一步加工成遥感资料产品；最后结合已知物体的波谱特征，从中提取有用信息，识别目标和确定目标物间的相互关系。

自然界的一切物体在一定温度下都具有发射电磁波的特性。在遥感中，从辐射源发出的电磁辐射，经过自由空间的传播，到达大气和地面，经过与大气和地面的作用，又到达传感器上。在此过程中，电磁辐射一旦与物体接触，它所携带的能量就会表现出来，进行能量的交换，发生相互作用，作用的结果是使入射的电磁辐射发生变化。不同物体，由于其表面状况和内部组成物质不同，或同一物体在不同的环境条件下，由于入射辐射的不同，使得物体在不同波长处反射或发射电磁辐射的能力不同。这种辐射能力随波长改变而改变的特性，称为物体的波谱特性。这种差异被传感器探测记录下来，形成不同的影像特征，成为我们识别与区分物体的依据。

1. 物体的反射波谱特性　物体对电磁辐射的反射能力与入射的电磁辐射的波长有十分密切的关系，不同物体对同一波长的电磁辐射具有不同的反射能力，而同一物体对不同波长的电磁辐射也具有不同的反射能力，我们把物体对不同波长的电磁辐射反射能力的变化，亦即物体的反射率随入射波长的变化规律称为该物体的反射波谱。

物体的反射波谱常用曲线表示，称为反射波谱曲线。从物体反射波谱曲线的形状，可以反映出目标物的光谱特征。下面介绍几种主要地物的反射波谱。

（1）岩石的反射波谱　岩石的反射波谱主要取决于矿物类型、化学成分、太阳高度角、方位角、天气等。此外覆盖于其上的土壤、植被对岩石的波谱特性影响也很大，图 2 - 4 - 1 为几种岩石的反射波谱曲线。

图 2 - 4 - 1　岩石的反射波谱
①超基性岩　②大理岩　③砂岩　④玄武岩　⑤花岗闪长岩　⑥花岗岩　⑦页岩　⑧安山岩

由图上可见，在可见光部分岩石的反射率差别很小，$0.6 \sim 0.7 \, \mu m$ 的红光波段不同岩石的反射率曲线彼此很少交叉，尽管其间的差值很小，但信息丰富；在近红外波段，反射率差值较大，有利于进行遥感，考虑大气窗口的限制，应用 $1.55 \sim 1.75 \, \mu m$ 和 $2.08 \sim 2.35 \, \mu m$ 2 个波段。

一般同类岩石的反射波谱曲线的形状一致，但其反射率的值可能不相等，大小与暗色矿物含量的多少有关，一般岩石反射率变化规律是：基性岩＜中性岩＜酸性岩。此外，风化的岩石比新鲜岩石的反射率高。

（2）水的反射波谱　水体的反射率在整个波段范围内都很小，从蓝光段的

15%降至红光段的 2%，进入红外波段后几乎等于零。影响水体反射率的主要因素是水的混浊度、水深，以及波浪起伏、水面污染、水中生物等。

洁净的水对蓝紫光有一些反射，其余波段大部分被吸收；蓝紫光也能穿透一定深度的水层（2～20 m）。水中的悬浮沙粒径大于太阳光谱波长，结果产生米氏散射，使水的反射率在各波段都有所增加，尤其在黄红波段，增加更大。水中的浮游生物由于含叶绿素，所以在红外波段有较高的反射率，水面因石油污染形成油膜，通常在紫外波段有较高的反射率。水面波浪起伏也可增加反射率。另外，在平静的水面上，常会出现镜面反射，因此在测量水的反射波谱时，要注意避免镜面反射。

（3）植物的反射波谱

①植物的反射特征：绿色植物的叶子由表皮、叶绿素颗粒组成的栅栏组织和多孔薄壁细胞组织构成，入射到叶子上的太阳辐射透过上表皮，蓝红光波段被叶绿素吸收进行光合作用，绿光部分被吸收的少，被反射的多，所以叶子呈现绿色；而近红外线则穿透叶绿素，被多孔薄壁组织反射，因此在近红外波段上形成强反射。

②影响植物反射的因素：自然界植物的情况相当复杂，并非都具有完全一致的反射光谱曲线，由于受植物种类、季节、生长状况、健康水平以及太阳辐射的影响，植物的反射波谱曲线千差万别。

（4）土壤的反射波谱　土壤对电磁辐射的反射状况很复杂，有许多可变因素，如土壤含水量、土壤质地、表面粗糙度、氧化铁和有机质含量等，都影响土壤的反射波谱特性。一般在可见光区土壤的反射率高于植物，而在远红外波段则相反。

①土壤含水量：土壤波谱反射率随含水量增加而降低，并在 $1.45~\mu m$ 和 $1.95~\mu m$ 处也有 2 个低反射点，这是水分吸收区。在某些波段内，土壤含水量与反射率具有较好的负相关性。

②土壤质地：土壤质地与土壤含水量有很强的相关性。砂质土壤通常排水条件好，有较高的反射率。质地细的土壤，排水条件差，反射率就低。但在缺水情况下，土壤反射率呈现相反的趋势，即质地粗的土壤较质地细的土壤反射率高。

③土壤表面粗糙度：土壤表面粗糙，引起入射光线的漫反射加强，甚至产生微阴影，降低土壤反射率。

④有机质和氧化铁含量：随着有机质含量增加，土壤在 $0.4～2.5~\mu m$ 波段内的反射率下降。在 $0.62～0.66~\mu m$ 波段内，土壤有机质含量与反射率之间有双曲线相关关系。氧化铁含量增加会明显降低土壤在可见光波段的反射率。在

$0.5 \sim 0.64 \ \mu m$ 波段内，氧化铁含量与土壤反射率之间有很好的线性相关。

2. 遥感影像解译　不同地物在不同波段反射率存在着差异，一方面传感器收集、探测、记录地物电磁波辐射信息，形成影像上的色调或色彩的差别；另一方面，由于地面上的物体因各自的物质成分、结构构造、物理化学性质和生成原因不同，在一定的地质地理条件下，呈现出不同的外表特征，遥感成像时，探测器将地物的这些外表特征按照一定的投影规律如实地进行记录，经过一系列信息处理后按照一定的投影规律再现出来，构成遥感影像上各种各样的形状、大小、影纹图案等特征，上述 2 种原因使不同的地物在遥感影像上表现出各自的形状、大小、花纹、色调等，统称为影像特征，是在遥感影像上识别物体、区分物体的依据。根据所获得的遥感影像和数据资料，从中分析出人们感兴趣的地面目标的形态和性质，这一过程称为遥感影像解译。那些能识别、区分地物并能说明它们的性质和相互关系的影像特征，称为解译标志。解译标志又分为直接解译标志和间接解译标志 2 类，凡是根据地物或现象本身反映的信息特性可以解译目标物的遥感影像特征称为直接解译标志；通过与之有联系的其他地物在遥感影像上反映出来的影像特征，与地物属性有内在联系、通过相关分析能推断出其性质的影像特征，间接推断某一事物或现象的存在和属性，称为间接解译标志。

（1）直接解译标志　直接解译标志包括色调、形态、阴影、纹理和图形。

①色调：色调是地物电磁辐射能量在遥感影像上的模拟记录，在黑白影像上表现为灰度，在彩色影像上表现为颜色，它是一切解译标志的基础。黑白影像上根据灰度差异划分为一系列等级，称为灰阶，一般情况下从白到黑划分为10级，即白、灰白、淡灰、浅灰、灰、暗灰、深灰、淡黑、浅黑、黑。彩色影像常用色别、饱和度和明度来描述，实际应用时，色别用孟塞尔颜色系统的10 个基本色调，饱和度用饱和度大、饱和度中等和饱和度低 3 个等级，明度用高明度、中等明度和低明度 3 个等级。

②形态：形态包括地物的几何形状和大小。物体在遥感影像上的形态细节显示能力与比例尺有很大关系，比例尺愈大，其细节显示的愈清楚；比例尺愈小，其细节就愈不清楚，即地物形态根据比例尺在影像上的表现而不同。但是，遥感影像上所表现的地物形态与我们平常在地面上所见的地物形态有所差异。

遥感影像所显示的主要是地物顶部或平面形态，是从空中俯视地物，而我们平常在地面上是从侧面观察地物，二者之间有一定差别，因为物体的俯视形态是它的构造、组成、功能的重要的甚至是决定性的显示，了解与运用俯视的能力，有助于提高遥感影像的解译效果。

　　遥感影像为中心投影，物体的形状在遥感影像的边缘会产生变形，因而统一形状的地物在遥感影像上的形状因位置不同或采用不同的遥感方式而发生变化。例如，地形起伏很大的山区，将因中心投影产生像点位移和各处比例尺不统一，而引起地物形状和大小的变形。如高差较大、两坡对称的山体，在遥感影像上除像主点外，都表现为一坡宽（似缓）一坡窄（似陡），易使人误判为两坡不对称，而地形起伏不大的平原区，或基本处于水平状态的湖、河等地物，其形态一般不会产生畸变。

　　③阴影：晴天时，高出地面的物体，或者物体本身起伏不平，总会出现阴影。阴影可造成立体感，帮助我们观察到地物的侧面形态，判断地物的性质，但阴影内的地物不容易识别，并掩盖一些物体的细节，给解译带来不利。地物的阴影根据其形成原因和构成位置，分为本影和落影 2 种。

　　本影是物体未被阳光直接照射到的阴暗部分。在山区，山体的阳坡色调亮，阴坡色调暗，而且山越高、山脊越尖，山体两坡的色调差别越大，界线越分明，这种色调的分界线就是山脊线。因此，利用山体的本影可以识别山脊、山谷、冲沟等地貌形态特征。地物起伏越和缓，本影越不明显；反之，地物形状越尖峭，本影越明显。

　　光线倾斜时，在地面上出现物体的投落阴影，称为落影。落影可显示地面物体纵断面形状，根据落影长度可测定地物的高度。

　　④纹理：纹理指在一定的范围内，地物的遥感影像所显示出来的花纹特征，它们往往构成多种多样的图案。影纹图像是由色调、水系、山体等多种因素综合反映出来的。如河床上的卵石较沙粗糙些，草原比森林要光滑，沙漠中的纹理能表现沙丘的形状以及主要风系的风向，海滩纹理能表示海滩沙粒的粗细等。

　　⑤图形：图形又称为结构，是个体可辨认的许多细小地物重复出现所组成的遥感影像特征，它包括不同地物在形状、大小、色调、阴影等方面的综合表现。水系格局、土地利用形式等均可形成特有的图形，如平原农田呈栅格状近长方形排列，山区农田则呈现弧形长条状排列。

　　（2）间接解译标志　自然界各种地物和现象都是有规律的与周围环境和其他地物、现象相互联系、相互作用，因此，我们可以根据一地物的存在或性质来推断另一地物的存在和性质，根据已经解译出的某些自然现象判断另一种在影像上表现不明显的现象。间接解译标志主要有位置、相关布局等。

　　①位置：位置指地物所处环境在遥感影像上的反映。地物和自然现象都具有一定的位置，例如芦苇长在河湖边沼泽地，红柳丛生在沙漠，河漫滩和阶地位于河谷两侧，洪积扇位于沟口，河流两侧的湖泊是牛轭湖，雪线附近的是冰

斗湖等。

②相关布局：景观各要素之间，或地物与地物之间相互有一定的依存关系，这种相关性反映在遥感影像上形成平面布局。如从山脊到谷底，植被有垂直分带性，于是在遥感影像上形成色调不同带状图形布局，依次为山地、山前洪积扇，冲积平原、河流阶地、河漫滩等。

③解译标志的局限性和可变性：各种地物是处于复杂、多变的自然环境中，所以解译标志具有普遍意义，有些则带有地区性，有时即使是同一地区的解译标志，在相对稳定的情况下也会变化，因此，在解译过程中，对解译标志要认真分析总结，不能盲目照搬套用。

（二）遥感地质调查的主要内容和方法

遥感地质调查方法是在遥感技术飞跃发展，各种遥感影像广泛利用的条件下，在常规地质调查的基础上形成的，它与常规地质调查的基本区别在于：它是以遥感资料应用为主，工作过程中充分利用已有的遥感资料，航空物探及地面物探资料，通过对遥感影像的系统解译与分析研究，在野外工作之前，即可初步勾出地质解译图，从而大大加强了地质工作的预见性和主动性。

1. 准备工作

（1）收集资料　收集各类遥感影像，必要时制订新的航空摄影或扫描计划，在进行遥感地质调查之前，除收集和研究工作区地质矿产资料及有关的水文、气象、地貌、土壤、植被、森林等资料外，还要收集工作区各类型的卫星图像和航空遥感资料。

根据工作任务和测区的具体条件，还应收集专门类型的图像资料，例如测区范围内有冰川覆盖及沙漠覆盖时，为了对其下伏的基岩进行地质研究，应选用侧视雷达扫描图像；进行水文地质调查时应收集近红外航空摄影、远红外扫描图像等。

获得遥感影像资料之后，应及时进行整理和编录，航空像片应以一定比例尺的图幅为单位，每一航带装1袋，注明图幅代号、航带号及像片编号等。

当现有遥感资料，尤其是航空像片不能满足遥感地质调查的要求时，例如比例尺过小，摄影质量差，或者摄影季节、时间等不当，地质解译效果很差，严重影响遥感地质工作质量，则需要重新安排摄影。

（2）镶嵌影像图　当工作面积较大时，需将1组互有重叠的航空像片或卫星图像镶嵌成整幅影像图，若镶嵌所用的图像是经过纠正的，镶嵌后的影像图称为影像平面图；若所用图像未经纠正，则称为影像略图。

影像略图常用隔号镶嵌的方法，沿航线方向切割线可减少一半，使每张像片的篇幅增大一倍，地质构造的连续性和整体概念较逐片镶嵌强，而且使用1

套像片可以镶嵌成 2 张影像略图，但镶嵌的误差相对较大，表现为地物的错断，在相邻 2 张像片接缝两侧，都同时出现某些地物同一影像，形成"双影"；地物的缺失，在相邻 2 张像片接缝处，某些地物影像被切掉，在影像略图上找不到。

利用未纠正的像片进行山区影像略图的镶嵌时，"错断"现象不可避免，"重叠"和"缺失"现象也不能同时消除。在镶嵌过程中，为了防止因像片偏转而给以后的镶嵌带来更严重的后果，要求镶嵌时要保持每航带的方位及各航带间距的一致性。

镶嵌影像图的具体步骤和方法如下。

①准备镶嵌工具和材料：切割刀、透明胶带、细砂纸、毛巾、胶水、底板、主体镜等。

②在底板上编排像片：先初排，后精排。初排为的是调节图面在底板上的位置和了解产生误差的程度。初排时，先求出被镶嵌的各张像片的像主点（若是卫片则需绘出经纬度），再在底板上蒙上一层衬纸，将像片按航线和预定的重合高度，依次按影像编排于衬纸上，依据略图调节好位置与方位，再对出现的过大误差做适当调整之后，将每张像片的像主点刺透到底板上。精排时，先将图幅中心的一层像片用透明胶纸暂固定，而后逐步向四周做放射状、环状伸展，边精排边对误差过大的地段进行调整，直至完成全幅的编排工作。

③切割像片：先确定切割线，一般先用特种铅笔将切割线划在像片重叠部分的中部，使之呈圆滑曲线，以避开重要地质要素、重要地物和线状地物的交叉点等。

④粘贴像片：粘贴前将像片背后用细砂纸适当打磨，涂匀胶水，然后逐一对准粘贴，挤出气体和多余胶水，最后压以重物，等待全干。

⑤影像略图的整饰：影像略图的整饰包括用墨汁圈定图边，在图框上书写图名、图号、近似比例尺、制图时间、单位和编制者等。

⑥调绘片与清绘片的准备：使用航片进行大比例尺遥感地质调查时，常将 1 套像片按每航带的单双号分成 2 套，一套用于野外刺点、调绘，最后作实际材料图保存，此套像片称为调绘片。另一套作成图用，称为清绘片。由于各个清绘片之间都有一定的重叠，为了避免相邻清绘片上的地质构造界线间不必要的重合和断漏，应先将每张清绘片划定一个清绘范围。

2. 遥感图像的概略解译　其目的在于了解测区的自然地理概况，熟悉地质构造轮廓和特点，初步掌握像片的可解程度，解译后编制概略解译图。一般先在卫星像片略图上进行宏观分析，之后选择重点地段进行立体镜下解译。

（1）勾绘测区地质构造轮廓界线　轮廓界线有地层（或岩性）界线、岩体的界线、褶皱轴线、断层线及有代表性的地层产状等。

（2）圈出存在关键性问题的地段　在地质研究程度不高和地质构造复杂的地区，常常存在一些重大的地质问题，在概略解译时如果能将其圈出则有利于提高遥感地质调查的成效。

概略解译的成果可直接勾绘在影像略图上，也可以勾绘在蒙于像片上的透明纸上。在进行概略解译的同时，还要对遥感影像的地质解译效果进行分区，以便更合理地计划安排遥感地质调查工作。

3. 建立遥感影像解译标志

（1）地质解译标志　遥感影像能够真实地记录分布在地壳表面的三大岩类的波谱特征。但是由于其所处地质构造位置、区域构造背景、地貌单元和海拔高度、气候带和地理位置的不同，使得岩石成分、结构构造、风化类型与覆盖程度有所差别，此外还有遥感影像获得时的气候、光照和冲洗条件因素的影响，三大岩类的波谱特征和形态特征可以有较大的变化，在不同地区岩性解译的效果和解译程度大不相同。

①沉积岩解译标志：沉积岩本身没有特殊的反射波谱特征，因此单凭波谱特征及其表现，在遥感影像上较难与岩浆岩、变质岩区分开来，必须结合其空间特征及出露条件，如所形成的地貌、水文特点等将其与其他岩石区分开来。

沉积岩最大的特点是具有成层性。胶结性良好的沉积岩，出露充分时，可以在较大的范围内呈条带状延伸。在高分辨率遥感影像上可以显示出岩层的走向和倾向。坚硬的沉积岩常形成与岩层走向一致的山脊，而松软的沉积岩则形成条带状谷地。沉积岩由于抗侵蚀程度的差异和产状的不同，常形成不同的地貌特征。

Ⅰ. 坚硬沉积岩：坚硬沉积岩常形成正地形，较松软的泥岩和页岩常形成负地形。水平沉积岩常形成方山地形、台地地形或长垣状地形。倾斜的、软硬相间的沉积岩，常形成沿走向排列的单面山或猪背岭，并与谷地相间排列。

Ⅱ. 可溶性沉积岩：在不同的气候带下形成不同的地貌特征。在高温多雨的气候带内，岩石被溶蚀的速度快，形成各种典型的喀斯特地貌；在半干燥和干燥区，化学溶解作用较弱，因而石灰岩成为较强的抗物理风化的岩石，地表缺乏典型的喀斯特地貌，但是地下喀斯特地貌现象有不同程度的发育，形成地面水系比较稀少，山地棱角清晰的岭脊；在有区域地质图的情况下，可以通过反射波谱特性曲线，以及空间特征、水系等特点与其他岩石区分开来。

Ⅲ. 碎屑岩：碎屑岩在遥感影像上一般呈典型的条带状空间特征，边界较清晰，形成的山岭、谷地也较清晰，砂岩层面平整，厚度稳定，以条纹或条带夹条纹特征为主，一般形成缓和的垄岗地形，较坚硬的砂岩形成块状山，且水系较稀。黏土层和粉砂质页岩，水系较为发育，一般不形成山岭，总体反射率较低，在遥感影像上色调较深。砾岩反射率较低，在遥感影像上多呈团块状、斑状等不均匀色调，层理不明显，经风化剥蚀的砾岩，表面粗糙。疏松的陆相碎屑岩，由于形成的地质年龄较小，大都直接与形成的地貌有关，其地貌形态特征成为主要的解译标志。

②岩浆岩的解译标志：

Ⅰ. 酸性岩浆岩：酸性岩浆岩以花岗岩为代表，在遥感影像上色调较浅，易与围岩区别开，平面形态常呈圆形、椭圆形和多边性，所形成的地形主要有悬崖峭壁山地，馒头状山体和浑圆状丘陵，前者水系受地质构造控制，后者水系多呈树枝状，沟谷源头常见钳状沟头。

Ⅱ. 基性岩浆岩：基性岩浆岩色调最深，大多侵入岩体容易风化剥蚀为负地形，喷出基性玄武岩则比较坚硬，经切割侵蚀形成方山和谷地，台地上水系不发育，在遥感影像大片的暗色调背景下呈花斑状色块，周围边界清晰。

Ⅲ. 中性岩浆岩：中性岩浆岩的色调介于酸性和基性之间，大片喷出岩如安山岩类在我国东部地区构成山脉的主体。岩体常被区域性裂隙分割成棱角清楚的山岭和"Ｖ"形河谷，水系密度中等。中性的侵入岩体常形成环状负地形。

③变质岩的解译标志：变质岩保持了原始岩类的基本性质与形态特征，因而遥感影像也与原始母岩的特征相似。只是由于经受过变质，使得遥感影像特征更为复杂，识别也更加困难。

石英岩及大理岩类，色调比较浅，浅色至白色，岩石强度大，抗蚀力强，形成正地形，层理不清，但节理发育。其中，石英岩由砂岩变质而成，经过变质作用后，二氧化硅矿物更为集中，色调较浅，强度增大，多形成轮廓清晰的岭脊和悬崖峭壁；大理岩和石灰岩相似，地形较陡，常具有岩溶现象，为光秃圆滑山脊，有较深的冲沟发育，植被少。

千枚岩和板岩的遥感影像特征与细砂岩、页岩相似，易于风化，多形成低丘、岗地或负地形；地面水系发育，沿片理或板理方向发育着稠密的侵蚀网，常形成棱角明显的梳状地形，平行状或格子状水系。千枚岩色调较浅，板岩一般色调较暗，地面坡积物多，遥感影像上显示出不规则形状的斑点。

片岩及片麻岩，遥感影像特征与酸性岩浆岩相似，层理模糊，呈扭曲密集的波纹状，片理、片麻理为主要影纹，但特征不显著，仅在物质成分差别明显时才显示出条带，条带呈不连续的近似平行的波状影纹，片岩地区常分布有格子状水系，梳状地形，往往形成紧密平行的岭脊及线状低洼带，片麻岩形成的山脊，为粗而浑圆的正地形。

④松散沉积的解译标志：构成地貌的松散沉积物，成因复杂，岩性多样，

在遥感影像上解译识别的依据也不同。

残积物大都分布在平缓的分水岭上，其成分与母岩有密切的关系。花岗岩上形成的残积物中，长石常被分解成黏土矿物，而石英破碎成砂残留在原地，且与花岗岩具有相近的色调特征。石灰岩的残积物，因 Ca^{2+} 易被溶解流失，而残留的铁质矿物成为残积物的主要成分，故与母岩石灰岩形成不同的色调，在高分辨率遥感影像上呈现出石灰岩与红黏土构成的花斑状特征。

坡积物主要分布在山坡上和坡麓地带，常成半棱角状，分选性差，由片状暂时性水流和重力作用形成，在低分辨率的遥感影像上较难识别，而在高分辨率的遥感影像上可以看到坡麓地带更多的堆积锥体连成的坡积裙。

洪积物形成于冲沟和暂时性小溪流的出口处，以沟口为顶点，常呈扇形或锥形，颗粒较细的形成坡度较缓的扇形，颗粒较粗的常呈锥形。在同一洪积扇内，靠山谷口处堆积的物质较粗，向外物质逐渐变细。谷口的地下水，在扇顶处渗入地下，至洪积扇的前缘地带潜水露出地面成为泉水或池塘、沼泽。

冲积物是常流河沉积的产物，在河流纵比降大的山区河谷内常以卵石等粗粒堆积为主。在平原河谷中，冲击物由砂、粉砂、黏土等形成。在现代河流的两侧，地面平坦，分布的冲击物多被开垦为农田或成为建设用地。

湖泊堆积物是由现代湖泊或古湖泊堆积而成，现代湖泊堆积物分布在湖泊水体的周围。湿润地区湖泊堆积物细小而富含有机质，因而反射率低，色调较深，常有芦苇等水生植物生长。干燥地区的湖泊周围常形成盐碱地，反射率高，遥感影像上色调较浅。湿润区的一些古湖泊地区，常有成片的"河湖不分"的水系，由于地下水埋藏不深，地面湿度大，遥感影像色调深，可指示古湖泊的范围。

冰碛物是由冰川作用和冰水作用形成的堆积物，分布于现代冰川活动和古冰川活动区及周围地区。现代冰川堆积物的识别比较容易，这是由于冰川活动堆积物大小混杂，无分选性，遥感影像色调较深，与冰川有很大的反差，在遥感影像上可以清楚地看到它的边界，特别是高分辨率遥感影像上，能反映出冰碛物堆积的形状、低反射率、表面粗糙等特征。按照冰碛物在冰川谷地内分布的位置，可确定它们是侧碛、中碛或尾碛。古冰川堆积物常成不规则的垄岗状，垄岗间有排水不良的沼泽地，可作为间接的解译标志。

风积物可分为风成沙地和风成黄土。风成沙地主要堆积为沙丘、沙垄等，遥感影像上明显的特征是：大都为无植被或少植被覆盖区，反射率很高，具有特殊的沙丘、沙垄等标志。风成黄土堆积受原始下垫面地形的影响，其影响特征表现为高反射率、浅色调，多被利用于旱作耕地。由于黄土物质易腐蚀，地面沟谷密度大，多成不对称羽状水系，在中低分辨率的卫星遥感影像上，构成

"花生壳"状纹理，在高分辨率的遥感影像上，可识别出黄土沟谷的深度，推断出黄土堆积物的大概厚度。

（2）地质构造识别标志

①水平岩层的识别：在低分辨率的遥感影像上不容易发现水平岩层的产状，在高分辨率的遥感影像上可发现水平岩层经切割形成的地貌，并可见硬岩的陡坡与软岩形成的缓坡呈同心圆状分布，硬岩的陡坡具有较深的阴影，而软岩的色调较浅。

②倾斜岩层的识别：倾斜岩层在遥感影像上形成彼此平行、疏密相间、色调深浅不一的条带，这些条带随着倾斜岩层走向延伸，条带可呈宽而疏的缓产状，或窄而密的陡产状。坚硬的倾斜岩层，产状缓时形成大面积的单面山，产状陡时形成成排的猪背岭，直立的岩层则呈现栅状纹理。

③褶皱的识别：褶皱构造由一系列的岩层构成。这些岩层的软硬程度有差别，硬岩成正地形，软岩成谷地，因此在遥感影像上会形成不同色调的平行色带，选择其中在遥感影像上显示最稳定、连续性最好者作为标志层。标志层的色带呈圈闭的圆形、椭圆形、橄榄形、长方形或马蹄形等，是确定褶皱的重要标志。在水系形态上，由褶皱形成的褶皱山，水系多为放射状和梳状。若褶皱成谷，则水系一般为向心状。在岩层产状上，不论是山还是谷，岩层产状都是有规律的，以褶皱轴为中心呈对称分布。

④断层的识别：断层是一种线性构造，在没有疏松沉积物覆盖的情况下，在遥感影像上都有明显的特征，表现为线性影像。有 2 种表现形式：一是线性的色调异常，即线性的色调与两侧的岩层色调都明显不同；二是 2 种不同色调的分界面呈线状延伸。除了这 2 个基本遥感影像特征之外，还必须对断层两侧的岩性、水系和整体地质构造进行研究，才能确定是否是断层，特别是在高分辨率的遥感影像上，可以通过对地层的鉴别确定断层，如地层的缺失和重复，走向不连续使 2 套岩层走向错断、斜交等，这对于判断与岩层走向一致或角度相近的断层是重要的标志。

（3）地貌解译

①流水地貌的影像特征：

Ⅰ.山麓区河流地貌：干旱区山麓带洪积扇、冲积锥广泛发育。在遥感影像上两者的单个形态都呈扇形，冲积锥（由冲积物堆积形成的扇状堆积体）坡度较大，规模较小；洪积扇坡度较缓、规模较大。冲积锥与矮小山地河流联系，洪积扇与高大山地河流相关。2 种地貌的表面都发育有扇状水系，现代河床相的粗大物质在影像上色调最浅，洪积扇顶部或中上部，由于组成物质粗大，且水流下渗，色调明亮度较浅，上具暗色斑点，而扇缘部分物质较细，且有地下水接近地表甚至溢出地面，又因植被较多和地表沉积物湿润而色调均匀较暗。但在干旱地带洪积扇前缘却常因为表面有盐碱而使色调变得很浅。洪积扇在山前连成一片的组合形态成为山前倾斜洪积平原，但仍可看到扇间的交接洼地，在影像上呈现偏深色调。

Ⅱ. 侵蚀沟：侵蚀沟一般呈线状影像，平沟中若有较多砂砾堆积，色调则偏浅，在黄土区航片上沟头的类型和沟头上部的面蚀和潜蚀形迹也可识别出来。侵蚀沟的形态特征，主要取决于岩性。粗粒的、透水性好的坚硬砂岩形成"V"形沟，沟头多呈缓浅集水盆地，沟床坡陡而均匀；黄土状土层形成"U"形沟，沟头呈圈椅状陡坎，河床呈多级陡坎的复合坡；黏土状土层透水性差形成碟形沟，沟头呈线形，割切浅，沟底坡缓。侵蚀沟谷在平面上的形态，一般在均匀岩性上，如没有构造控制时，呈树枝状，当受构造控制时，则为束状树枝状或格状树枝状。

Ⅲ. 山区河流地貌：在整体抬升的山区，深切曲流河流地貌发育，遥感影像上常见的组合图形，包括"V"形狭窄河谷、单一完善深切的河曲、残留的环形干谷、离堆山、沿河展布的不对称阶地等。在岩性软硬层相间的向斜、背斜交替构造山区，穿越形成的河流地貌，遥感影像上常见的组合图形，包括河谷狭宽，河床陡缓，河流直道弯道交替出现，阶地呈不对称沿河继续展布，河谷中偶有假阶地和心滩。

山区河流的阶地是各种各样的，在遥感影像上的特点也不同。阶地面向河床平缓倾斜，色调较浅，由于冲积物的成分不同，常形成不同的花纹图案。阶地面上常有居民点、耕地及土路。阶地陡坎，背阴时为暗色，向阳时为浅色，呈窄条带状延伸。侵蚀阶地，由于阶面和阶坎全由基岩组成，色调较松散冲积物组成的阶地要暗。基座阶地，由于阶面和阶坎的物质组成不同，所以色调表现不同，阶面色调较浅，而阶坎色调较暗，两者之间有明显界限。堆积阶地，由于阶面和阶坎全由松散冲积物组成，故遥感影像色调较浅且均一。

Ⅳ. 平原区河流地貌：在构造下沉区，河流以堆积作用为主，形成冲积平原。平原区河流多表现为曲线形式，有时由于受构造运动的影响，某些河段呈直线和折线形式。平原区河流地貌因形成条件不同而有各种类型，其图形组合也不同。

曲流型河流地貌，是在河流携带泥沙不多，流量变化不大，洪水漫槽机会少，平原河流比减小，构造下沉的条件下形成的，在遥感影像上表现的图形组合有自由曲流、曲流环、牛轭湖、曲流痕、堤外泛滥平原和迂回扇等。

游荡型河流地貌，是在河流泥沙量大，流量变化幅度大，河床非常宽浅的条件下形成的。遥感影像下显示的重要图形组合有：河水流路不定，水流交织成辫状,河床内支汊繁杂;河床与自然堤高出两旁地面,形成的地上河、古河道、决口扇比较发育。

弯曲型河流地貌,是介于上述两者之间的条件下形成的河流,在遥感影像上显示的图形组合有:河流直道和弯道交替出现,河道有分汊但不繁杂,汊道深刷、淤死,或侧方移动不定,汊道间江心洲的轮廓和位置也不固定,其消长遗迹在大比例尺遥感影像上清晰可辨。

Ⅴ.山间盆地区河流地貌:被山地包围的山间盆地,其边缘地带是洪积扇联合组成的洪积倾斜平原,中心部分或者有大河流过形成冲积平原,或者由于气候极为干旱而不存在经常性河流,而有规模极大的山麓。山间盆地中可以有大长的河流,它的尾间常是湖泊。

②冰川与冻土地貌影像特征:现代冰川在影像上呈现洁白色的明亮色调,表面光滑易于辨认,有助于确定冰川的分布范围,计算它的覆盖面积和储量。用不同时相影像进行对比,还可查明冰舌的进退和雪线高度的变化,从而推断冰川的积累和消融。正在发展的冰川具有均匀的浅白色调,退化的冰川具有较深的色调和斑点状花纹特征。利用遥感影像可确定不同的高度、不同气候带的冰川类型,如冰斗冰川和山谷冰川等。大比例尺遥感影像可确定冰川地貌的独特形态细节,如冰川槽谷、悬谷、角峰、刃脊、冰斗、冰裂隙及冰碛物等。冰面湖及冰川湖不仅沿走向展布有明显的形态特征,而且在遥感影像上深黑色调与浅白色冰川呈鲜明对照。一般遥感影像有时也可识别巨大的古冰蚀地形和古冰碛地形,前者色调偏浅,后者色调偏暗,总的图形呈花斑状。

冻土特征有独特外貌,多边形土是冰缘冻土区常见的典型地貌现象,它们大小不一,呈蜂窝状图案。融冻泥流呈浅白色或深暗色的飘带状,石海呈不均匀浅色调的斑点状图案。流路窄宽不定的串珠状河流也是冻土区常见的现象。微微高出地表的冻丘,多成群出现。在冻丘群出现的地方,往往地下水发育,常见地下冒出泥浆现象,在遥感影像上表现为色调紊乱的图案,且结构粗糙。

③风成地貌影像特征:风成地貌主要发育在干旱半干旱地区,在松散岩层上最显著的风蚀地形是风蚀洼地和雅丹地貌。它们的展布方向都与盛行风向平行,前者为规模大小不一的浅圆洼地,后者为无数条深度浅而延伸长的凹槽。在沙漠的某些地区,常有盐类硬壳,由于表面光滑,色调灰白,在遥感影像上易于辨认。在坚硬岩层上,风蚀作用除造成局部凹槽外,更多的是刻划,加大那些已有的节理、裂隙、断层等软弱部分,使得构造形迹特别突出,某些破碎带被风蚀后,填充了沙子,在遥感影像上表现为明亮的线条。风积作用多发生在有地形阻挡和风力衰减的地区,形成的地貌主要是各种沙丘。风积沙丘在影像上都呈浅亮色调,而阴影部分呈深色调,沙丘间的洼地、湿地含水多的部分

色调多灰或深暗，而泉水无论大小都呈显眼的黑色斑点。在卫片上，根据沙丘组合宏观展布特征，可以确定沙丘的类型，如沙丘链、沙垄等。各种类型的沙丘影像，有的是连片的，有的呈斑状、条状和点状，其表面起伏呈各种各样的波状，根据波形的展布，可以确定当地的优势风向，依不同时相卫星影像中显示的地面干湿状况、植被有无和疏密程度等对比，还可解译沙丘的动态变化。根据丘陵地形的综合影像异常，还可揭示下伏的基岩构造影像。

④岩溶地貌影像特征：遥感影像上最明显的岩溶地貌是溶沟，呈线形或菱形网格状图案，受石灰岩岩性和地形控制形成的溶沟呈脑纹状图案。

峰林地貌在大比例尺立体遥感影像上可解译出不同形态，常见的有锥状和筒状2种。前者在倾斜岩层区发育，后者在水平岩层区发育。在小比例尺遥感影像上，它们呈深色调密集的斑点状图案，也有呈橘皮状或花生壳状花纹图案。

溶蚀状漏斗在遥感影像上呈深色调，底部若有松散沉积填充，则呈灰白色。溶蚀洼地的遥感影像表现不如溶蚀状漏斗直观明显，底部经常堆积有松散沉积物，色调较浅。坡立谷盆地边缘常表现出线形特征，且发育有溶蚀状漏斗、落水洞和峰丛，盆地中间有大河、峰林和松散沉积发育，前者色调多暗，后者色调较浅。沿石灰岩与其地岩石相接触面发育的坡立谷呈长条形，谷形不对称，石灰岩壁陡，非石灰岩壁缓；沿断裂带发育的坡立谷，谷底较平坦亦呈长条形，沿向斜轴发育的坡立谷多呈棱形或椭圆形。

在石灰岩分布区的影像上，有时可看到呈线状断断续续出现的盲谷。分析盲谷、干谷、成串漏斗等在遥感影像上呈线状展布的特征，可确定地下暗河的存在。岩溶的综合图形，在卫片上呈斑块状、菱格状图案，在航片上呈点、坑、沟交织的图案。

⑤湖泊地貌解译：在遥感影像上，能够观测到湖泊的地理分布、形态、大小、清浊，还可以解译出湖泊的成因和湖泊的演变状况。各种成因的湖泊都是自然综合景观的一部分。

（4）土壤和土地资源

①土壤类型的解译：土类是由区域生物气候条件决定的，需要根据调查区土壤的水平地带性和垂直地带性及非地带性与人为耕作熟化等方面的情况来确定。例如，在暖温带阔叶林下形成的棕壤，次生黏土多，剖面有黏化层，含铁矿物多而呈棕色，通透性较差。但是，这些特性中，只有植物因素能由遥感影像直接反映出来，其余特征就要依靠所在的地理位置说明。

亚类是在成土过程中受局部条件的影响使土类发生变化的因素，如不同的地形、植被条件，会使水热形成差异。例如，山东省棕壤地区，缓坡及山麓地带为土层较厚的棕壤亚类；在陡坡及植被稀疏的坡地，为棕壤性土亚类；在河谷低阶地上，潜水位高，常为潮棕壤亚类。因此，地形和植被的特征就可以成为本区土壤亚类的遥感识别标志。

土属主要以地区性条件为依据，如地貌和母质。华北地区可依据残积坡积母质、黄土状母质、洪积冲积母质、湖相及海相沉积物、人工堆积母质等来划分土属。各种母质都有一定的形态特征和图案特征，可作为土属识别的标志。

土种根据一定的土壤剖面及其土体构型为依据划分，遥感影像虽难以达到要求，但可以作为土壤剖面的定性辨别依据。如在棕壤性土壤中，可根据地形、母质的含砾石程度来推断土层的厚薄。因此，在土壤调查研究中，对土种的图斑需要进行补查。

②土地资源利用类型解译：在遥感影像上，不同的土地利用常构成一定的几何图形，不同的地物之间在空间上具有一定的联系。如水田，大都有方格状或四边形的畦埂图形，位于平原地区的都集中连片，并有灌溉渠系与之配套。梯田多分布于山坡、谷地、阶地，依地势呈阶梯状，田埂图形随谷凹脊凸呈平行等高线延展在航片影像上。菜地畦垄清晰可辨，形成分割较小、色调多样的细栅状图案。山区旱地一般以单向条垄状图形为主，旱地田块轮廓因平整程度的粗细而反映出整齐程度的不同，山区旱地常有侵蚀沟系相伴随。在黑白全色像片上，耕地的色调为土壤湿润的呈暗色，干燥的呈亮色，经耕翻过的会呈现暗色条纹。作物发育盛期遥感影像呈暗色绒毛状条垄，而黄熟季节又呈淡灰色绒毛状条垄。间作套种则呈深浅相间的影像，在彩色红外航片上，作物封行的遥感影像都呈鲜红色。

林地以粗粒状有立体效应的像对像片为特征。针叶林影像呈致密粒状，阔叶林树冠近似蓬松球状，密集时呈圆点。阔叶树色调在全色像片上比针叶树浅，在彩色红外影像上呈紫红、橙红色。经济林中的果园、茶园等，具有行列整齐的粒状影像特征。

城镇为包含有主干街道的居民点，并有主要道路与周围地区相连接，由不同大小矩形方块图形组成；立体像对构成有层次的三维图像。工厂区、商业区、学校区布局结构有差异。乡村居民地呈不规则的地块图形，有道路与附近居民地相互沟通。

公路呈弧形或较直的淡色曲线，曲率规则，路基有填方或挖方，以保持路面的一定坡度。土路呈弯曲细线，顺地形起伏而延伸。

湖泊、池塘大都位于洼地中心，在全色像片上呈暗色，在彩色红外影像上呈深蓝色。水库上游有河流注入，下游有横列线状的堤坝拦住，通过溢洪堤泄水。河流因受地质地貌条件的控制，主干河流系统往往形成正弦曲线，而支流水系，往往形成方格状、树枝状、扇状、平行状等结构形态。

（三）遥感制图

遥感图像用于各种制图，改变了长期以来各种地图、文字资料和统计资料的来源，并使编图资料的现势性和制图工艺等方面都发生了明显的变化：卫星遥感覆盖全球每个角落，使制图资料无空白区；卫星遥感对地球上任何地区都进行周期性重复探测，使每一个地区均可以获得不同日期、不同月份和不同季节的动态制图信息，为地图的动态分析应用提供了物质保证；卫星遥感可以及时提供同一时相、同一波段、同一比例尺、同一精度的制图信息，为缩短成图周期、降低成本提供了可能；以二进制数字形式记录在磁带上的卫星遥感图像信息，便于计算机的自动处理与制图。利用遥感图像制图要按以下几个步骤。

1. 选择遥感图像

（1）波段选择　地面不同物体在光谱波段上有不同的吸收、反射特性；同一类型物体在不同波段的图像上，其影像灰度和形状具有较大差异。因此，区分和识别地物的有效手段，就是依据不同解译对象选用不同波段的图像。除运用单波段遥感图像外，一般是通过合成影像进行判读分析的，确定不同波段的最佳组合方式，即是获得理想判读结果的重要途径。

（2）时相选择　遥感图像的成像季节直接影响专题内容的解译质量。由于遥感图像的影像特征具有明显的地方性，因此对其时相的选择，既要根据地物本身的属性特点，又要考虑同一种地物的不同地域间的差异。编制地质地貌图，以地膜覆盖少、利于地质地貌内在规律和分布特征显示的秋末冬初或冬末春初的图像为最佳。编制土地利用或土地覆盖方面的地图，宜选用判读各种植被最佳的时相。

2. 加工处理遥感图像

（1）遥感图像预处理　地面接收站接受的原始图像或数据，因受到卫星运行中的侧滚、仰俯的飞行姿态和飞行航道与航高变化，以及传感器光学系统本身的误差，图像在产生、传递和复制等方面的影响，常常引起遥感图像的几何畸变和影响遥感图像灰度、灰阶的辐射误差等，结果使遥感图像模糊、变形。因此，在遥感图像的生产过程中要进行粗加工、精加工和特殊处理，目的在于消除遥感器外部和内部的各种系统误差造成的影响，进一步提高卫星像片的精度和质量，并使卫星像片的图像信息转变为适合于计算机使用的磁带，以便随时通过计算机显示图像，生产不同比例尺的像片以及显示许多像片无法表示的信息，经特殊处理的计算机磁带，可以用于自动识别、自动分类和制图。

（2）遥感图像粗加工处理　系统地面接收的原始图像或数据，根据事先存入计算机的相应条件进行纠正，并用坐标计算程序加绘地理坐标，制成具有正射投影性质的粗制产品。

（3）遥感图像精加工处理 为进一步提高遥感图像的几何精度，利用地面控制点精确地校正粗加工处理后的遥感图像面积和几何位置误差，将遥感图像拟合或转换成一种正规的地图投影形式。

（4）遥感图像增强处理 通常情况下，用经过预处理的遥感图像进行解译是困难的，因为许多地物的电磁波特征相似，目视难以区分。为此，需要用一些方法扩大地物波谱的亮度差别，使各种地物轮廓分明、易于区分和识别，以充分利用遥感图像所获取的信息。遥感图像增强的方法主要有图像光学增强处理和数字增强处理2类。图像光学增强处理主要采用彩色合成、密度分割、反差增强、边界增强、比值增强等方法进行。其效果在于人为地加大各种遥感影像的密度差，或以色彩的明显差异代替遥感影像密度之间细微的差异，以便于判读者识别。图像数字增强处理是借助计算机将图像的密度差加大，从而获得一幅更清晰的图像的方法，主要采用反差增强、边缘增强和比值增强等方法。

3. 遥感图像解译 遥感图像解译的方法主要有目视解译和计算机解译2种。

（1）目视解译 目视解译即用肉眼或借助简单的设备来观察和分析遥感图像的灰度和色调。一般有下列几个阶段：解译准备阶段，包括收集资料、熟悉情况和制订工作计划等。建立解译标志阶段，包括通过图像资料的对比、分析，与实际地物的对比、验证，建立各种地物在不同遥感图像上的解译标志，并选定典型样片，供解译时借鉴。解译阶段通常采用直接解译、对比分析和逻辑推理方法，解译后获得像片解译草图。野外验证阶段将解译草图带到现场，进行抽样调查，采集标本、样品，补充修改解译标志，验证各类地物的界线，核实疑点，修改和完善解译草图。成图阶段将经过验证的解译草图转绘于聚酯薄膜或像片平面图上，最后清绘成图。

（2）计算机解译 计算机解译是利用遥感图像信息的数字磁带在计算机上进行解译，以解决地物的分类问题，得到所需分类结果的数字信息，再经数图转换后输出，通过计算机自动成图。计算机的外围设备中还有监视分类的监视器，可以直接得到理想的结果。计算机解译的具体方法主要有比值分析法、图形识别法、聚类分析法和训练场地法等。

4. 编制基础底图 用于遥感图像制图的底图，必须有合乎要求的数学基础和地理基础，为转绘影像图上专题内容提供明显而足够的定性、定量、定位的控制依据，以提高专题要素描绘的科学性和准确性，有助于各要素间的统一协调。底图的数学基础要能够适应由影像图转为线划图的需要；国家基本比例尺地形图的地理要素要与影像图吻合。

5. 转绘专题内容

（1）目估转绘法　当成图比例尺较小，精度要求不太高，图版界线又较简单时，可以采取此法转绘。其具体做法是先将解译并用铅笔线划绘在聚酯薄膜片上的专题图蒙在影像基础底图上；然后将绘有等高线等地理要素的线划基础底图蒙在另一张影像基础底图上，以其地理基础要素和 2 张影像基础底图上相应的影像作控制，用目估方法将解译在聚酯薄膜片上的专题要素图斑轮廓界线转绘到线划基础底图上。

（2）蒙片转绘法　当解译的铅笔线划图与线划基础底图的比例尺完全一致时，宜用此法转绘。将供转绘用的线划基础底图蒙在绘有解译专题要素图斑轮廓界线的聚酯薄膜线划图上，以坐标网、水系、居民地等基础要素作控制，按先中央后边缘的顺序，分块叠合蒙绘。

（3）仪器转绘法　当用于解译的基础影像与用于转绘的线划基础底图之间的数学基础不一致时，则须采用卫星图像转绘仪进行转绘。

6. 整饰复制　对转绘完的底图图稿校核无误后，即可以进行清绘、着色等一系列整饰工作，制成专题地图的编绘原图；若需要印刷复制，则清绘成印刷原图，再交付印刷。

■ 五、　典型的地质地貌教学实习路线

地质学与地貌学野外教学实习，是地质地貌学基础教学的实践环节，它不是课堂所学内容的重复，而是一次具体的、较系统的重要教学过程，是极为重要的教学环节，主要是为了巩固课堂的理论知识，丰富实践经验，真正达到地质地貌学的教学目的。地质地貌学教学实习的目的：①通过野外实习，了解一定地区的地质地貌概况，地貌单元的划分、特征及分布规律。②通过野外教学实习，使同学们能更好地掌握课堂理论教学内容，了解大自然是地质地貌学的天然大课堂；培养和训练学生理论联系实际、运用所学知识去认识各种地质现象、各种地貌类型，并分析它们的成因。③通过实习路线踏勘来掌握地质地貌学野外观察的工作方法和基本技能。

（一）山东泰山实习

泰山位于东经 $117°6'$，北纬 $36°16'$，地处华北平原东侧，山东中部，海拔 1 545 m，在华北平原上拔地而起，格外壮丽，被誉为"五岳独尊"。由于独特的自然风光和悠久的文化历史，泰山被联合国列入《世界遗产名录》，成为我国首个世界自然和文化双重遗产。泰山还是我国著名的地质公园，以它漫长的地质历史、复杂的地质构造、丰富的地学内容而名扬于国内外地学界。每年都

有大量地学界的科学工作者来泰山考察和调研，泰山更是各大专业院校进行地学实习的好去处。下面是有关泰山地质实习内容的简要介绍。

1. 地质历史　泰山形成的历史，可以上溯到 25 亿年前的太古代。在太古代，泰山地区曾经是一个巨大的沉降带，堆积了厚厚的泥砂质岩石和基性火山岩。在泰山运动的影响下，褶皱隆起成为规模宏大的山系，耸立在海平面之上。同时，岩层发生了强烈的褶皱，并产生了一系列断层，岩浆活动也十分剧烈。在地壳运动和岩浆作用下，岩石遭受强烈变质，形成了今天在泰山上看到的各种变质岩和岩浆侵入体。

古泰山形成后，在元古代本区一直处于稳定剥蚀阶段。经过十几亿年的长期风化剥蚀，地势渐趋平缓。进入古生代，华北地区大幅度沉降，古泰山也沉没于海平面以下，本区成为海洋。一直接受沉积至中奥陶世。因而在泰山群古风化剥蚀面上，沉积了近 2 000 m 厚的海相地层，即寒武纪和奥陶纪的页岩和石灰岩。中奥陶世末，发生了加里东运动，整个华北地区又缓慢上升为陆地，本区再次处于稳定剥蚀阶段，这种情形延续到中石炭世。所以本区缺失了上奥陶统、志留系、泥盆系和下石炭统的地层。中石炭世以后，本区地壳动荡，海陆交替，沉积了中—晚石炭世的海陆交互相含煤地层，在泰山上已看不到这一地层。以后的二叠系、三叠系、侏罗系、白垩系，甚至第三系的地层，在泰山本部全部缺失，在泰山周围地区才有这些地层的发育。

发生在侏罗—白垩纪时期的燕山运动，奠定了我国地貌的基本轮廓，对泰山地区的地形也起到了奠基作用。受燕山运动影响，泰山南麓产生了数条近东西向的断层，最南面一条，也是最大的一条断裂，称为泰山山前断裂。该断裂使得北盘泰山本部强烈上升，且北盘南部上升量大，越向北上升越小，从而形成一个向北倾斜的单斜构造。南盘则相对下降，成为下降盆地。新生代，在喜马拉雅运动等新构造运动的影响下，泰山沿山前大断层持续上升，逐渐形成巍峨的中山。泰山上升的同时，变质岩上部的沉积盖层不断遭受剥蚀，以至将古生代以后的岩层完全剥蚀掉，成为以变质岩为主的山体。

2. 地层　泰山及其周围地区出露的地层有太古宇，新元古界震旦系，古生界寒武系、奥陶系、石炭系、二叠系，新生界第三系和第四系；缺失下元古界、志留系、泥盆系和三叠系。

太古界主要为黑云斜长片麻岩、角闪斜长片麻岩、斜长角闪岩和黑云变粒岩，发育完全，广泛出露。在老的地层划分里，把泰山群的地层由老到新分为望府山组、笤帚峪组、唐家庄组、孟家庄组、冯家峪组。由于这一部分地层年代古老，受后来多次构造运动影响，岩系混乱，地层复杂，所以争议较大，划分也多经变更。多数人研究认为，泰山群地层绝对地质年龄在 25 亿年以上，可能有 27 亿～30 亿年。

震旦系主要为页岩和泥灰岩，出露零星，分布局限，其下与太古界泰山群成不整合接触，这部分地层仅有一个土门组，泰山本部没有露头。

寒武系、奥陶系为一套碳酸盐岩和部分砂页岩，缺失早寒武世早期和晚奥陶世的沉积，化石十分丰富。寒武系假整合于震旦亚界土门组之上，在泰山本部多直接覆盖在泰山群之上，与泰山群不整合接触。泰山本部的寒武系有下统的馒头组和毛庄组，中统的徐庄组和张夏组，寒武系上统为崮山组、长山组和凤山组。泰山地区的奥陶系地层距泰安较远，济南附近出露比较多，济南泉群多发育在奥陶系厚层石灰岩中。

石炭系、二叠系中缺失下石炭统，分别为海陆交互相和陆相的砂页岩的含煤地层，多在泰山周围盆地构造中发育，泰山本部没有。侏罗系、白垩系、第三系在泰山本部也没有。

第四系主要是洪冲积相的砂质黏土、黏质砂土和砂砾层，广泛分布于本区的盆地、平原及山系间河流两岸。

广义的泰山地区地层发育较为齐全，但若仅以泰山本部而论，则主要出露太古界、下古生界以及第四系的地层。

3. 地质构造 从上面的叙述可以看出，泰山的地层属于双层结构，下面是古老的变质岩结晶基底，上面是古生代及其以后的以沉积岩为主的沉积盖层。在漫长的地质历史过程中，泰山经过多次的地壳运动，形成了年代不一的地质构造。泰山主体变质岩分布区的构造以紧密褶皱为主，后期断裂构造亦很发育。

（1）褶皱构造 在泰山本部基底褶皱由西向东依次为：①冯家峪倒转向斜，处于西南部冯家峪一带，轴线呈 NW50°方向，由冯家峪组岩层组成，为一倒转向斜，轴面产状 SW70°～80°。②傲来山—大众桥倒转背斜，位于傲来山—大众桥一带，由登山西路上山时可以见到。其为本区混合岩化中心，核部为傲来山准原地混合花岗岩体占据，轴面倾向 SW，为一向 NW 倾伏的倒转背斜。③鸡冠山—南台倾伏向斜，位于东北部鸡冠山、南台一带，西翼为李家泉岩体侵踞，东翼被头峪—西官庄断层所截，轴线 NW20°～40°，轴面产状 SW70°～80°，由唐家庄组岩层组成，地层产状平缓，为一不对称的倾伏向斜。

（2）断裂构造 太古代构造走向 NW20°～40°，中生代又继承活动，它既有太古代构造特征，又具有中生代以来的构造特征。中生代有新华夏系、东西向构造和后期联合复合组成的弧形构造。

①泰山山前弧形断裂：这是控制泰山地貌形成的最主要地质构造。它位于泰山南坡坡麓地带，泰山山前平原和山脚之间，自西向东走向，先西北再东西

而后折向东北，因而称为泰山山前弧形断裂，也称为泰安弧形断裂。它貌似一条完整的大断层，实际上它的断裂很复杂，包含不同时期不同性质的结构面（大官庄、岱道庵、水牛铺及东西向断裂）。在大河水库一带，断裂带中有早期花岗质岩脉、石英脉、变基性岩脉，且遭受不同程度的破坏。

②上梨园—横岭后断层：其为东西向构造，长 12 km，宽一般 20～50 m，断层倾向南，倾角 60°～80°，断层通过处形成断层谷，具角砾岩、碎裂岩及糜棱岩。断层面光滑，呈舒缓波状，发育一组平行裂隙。断层早期为正断层，后期复活显压扭性。

③新华夏系：它指发生在燕山运动的走向 NNE 大致相互平行的构造带，发育左旋、右旋 2 次，本区以左旋构造为主，晚期右旋，规模小，时间晚。其中大义山式（NWW 向）断裂活动时间长，从太古代至中、新生代都有，大致平行的断层很多，是泰山的主要构造线方向。断裂面倾向 210°～240°，倾角 50°～80°，断层中侵入有花岗质岩脉、石英脉。岩脉又大部分形成断层角砾岩、糜棱岩。泰山式（NEE 向）断裂面倾向 145°～150°，倾角 80°～85°，内为角砾岩，角砾成分主要是花岗质岩石，泥质胶结，说明此组断裂早期以张性为主，晚期有压扭性。后面介绍的岱道庵断层崖就位于这一断裂内。

4. 矿产 古老的泰山地质历史悠久，经历多次构造运动，地层比较齐全，岩石类型众多，因此矿产也很丰富。

（1）石材 由于泰山杂岩中有大量混合岩化作用形成的混合花岗岩，因而最主要的石材就是花岗岩。花岗岩资源分布广，类型多，储量丰富。如羊栏沟、大地村等地产出的"泰山红"，就颇有名气。麻塔、大王庄等地的岩石属于煌斑岩、辉绿岩的"泰山青""莱芜青"，黄前一带属于石英闪长岩的"泰山花"，都闻名于省内外。

（2）石英岩 由于泰山群地层形成后曾经多次被酸性岩浆贯入，泰山杂岩中可见到大量酸性岩脉，有时甚至是纯的石英岩脉。如在大辛庄、大王庄等地的石英岩脉内开采的石英，无色或色白，质纯，远销省外，但由于其是脉状产出，所以开采规模不大。有的脉岩是由长石组成的，也可以形成长石矿。在泰山东南的徂徕山，已探明的伟晶岩脉长石储量就有 4×10^5 t。

（3）蛇纹岩 橄榄岩等超基性岩经蚀变可以转变为蛇纹岩，泰山地区的变质岩系内也有蛇纹岩的产出。蛇纹岩用途较广，可以作为建筑材料，可以作为工艺材料，在农业生产上是制造钙镁磷肥的重要原料。其变质程度较深时还会形成蛇纹岩石棉，也可称为温石棉，在工业上具有广泛用途。泰山西南麓界首一带建有不少的建材厂、工艺品厂、石棉厂，都是以本区的蛇纹岩矿作为基础。

（4）石灰岩　在早古生代的寒武系和奥陶系地层内，石灰岩是主要的组分，此类岩石在泰山地区广泛出露，成为重要的矿产。在济南市的长清区内，就建有大型的国有水泥厂。

（5）麦饭石　麦饭石产出在安山斑岩等岩石上，岩体多已遭受风化作用，主要斑晶矿物有斜长石及次要的镁铁矿物（如辉石、角闪石），颜色灰色、暗灰色、淡绿色以至灰红色。经由麦饭石岩层过滤的矿泉水，称为麦饭泉。由于麦饭石在中国医药方面被用来止痛、排浓、收伤口，因此有人称麦饭泉具有预防疾病及防止老化的功能。在泰山南麓的大河水库北及辞香岭等地有麦饭石产出。

（6）木鱼石　它是一种粉砂云泥岩，产于泰山下寒武统地层中，呈紫檀色，有沉积纹理，属海相地层。因敲击该岩石时发出似和尚敲木鱼时的声音，因而得名。木鱼石质地细腻，颜色漂亮，可与江南宜兴紫砂壶媲美，富含许多微量元素，所以被加工成各种工艺品出售，其中尤以茶壶最具代表性。在其主要产地长清区馒头山一带，木鱼石加工已经成为规模产业，有的产品已经远销国外。

（7）燕子石　燕子石是一种含有生物化石的沉积岩。其岩性为泥质灰岩或薄层灰岩，属寒武系地层。其中的生物化石为三叶虫。三叶虫生成于5亿年前的寒武纪，到中生代开始消亡，先后统治海洋达3亿年之久。经过大自然的沧桑巨变，这些三叶虫的遗体形成化石。三叶虫化石正面的尾部，似展翅的蝴蝶，它的横截面像飞翔的燕子，所以人们将这种石头称为"燕子石"。燕子石不但是研究古生物学的珍贵资料，也是一种独特的观赏石和工艺原料，它可以制成笔筒、花瓶、插屏等。泰山和徂徕山之间的大汶河谷地，盛产燕子石。泰山火车站附近的蒿里山还产有三叶虫的一个特有种——蒿里山虫。

泰山本部周围地区，矿产资源更为丰富多彩。石炭纪、二叠纪的煤炭，煤质优良，储量丰富，集中分布在泰山南部的肥城、新汶、莱芜、宁阳等煤田中。泰山东麓莱芜一带有接触交代式铁矿，是中生代闪长岩侵入石灰岩变质作用的产物，矿石品位高，这里的莱芜钢铁厂是大型国有企业。泰山南麓的大汶口盆地内，蕴藏着石盐、石膏、自然硫等多种沉积矿产，这些矿产不但在国内属上乘，在亚洲也名列前茅。

5. 地貌　泰山总体属于中山地貌，其主峰玉皇顶海拔高度1 545 m，相对高度约1 400 m。泰山为一单斜断块山，南坡陡而北坡较缓，南坡为单斜构造的逆向坡，出山即为山前平原。由于泰山南坡的上升量远大于北坡，南坡侵蚀强度大，形成深沟峡谷、悬崖峭壁的险峻景观。北坡为顺向坡，下古生界沉积岩向北倾斜，地层向北越来越新，倾角十几度，由中山过渡为低山再到丘陵，直至济南的平原地貌。在新构造运动的影响下，泰山现在仍在以每 2 年 1 mm 的速度不断上升。若以此速度计，300 万年以后泰山的高度将增加近一倍。据有关专家研究，仅第四纪以来新构造运动就使得泰山抬升了 500 m。按照地貌的形态成因分类，泰山的地貌可以分为以下主要类型。

（1）侵蚀构造中山　其主要指泰山主峰周围的地带，海拔高度在 800 m 以上。岩性以二长花岗岩为主，由于花岗岩有 3 组垂直节理发育，受到外力作用风化剥蚀后，形成高山深谷、侵蚀切割强烈的中山地貌。"V"字形峡谷、谷中谷广泛发育，谷坡很陡，沟谷中的河流常见瀑布和跌水。重力崩塌作用显著，崩塌后常形成绝壁悬崖，如百丈崖、天烛峰等景点。山谷中多见重力堆积地貌，比如后石坞山沟内的石河。

（2）侵蚀构造低山　其主要分布在傲徕峰、中天门、尖顶山、歪头山、蒋山顶一带，海拔 700～1 000 m。组成山体的岩性主要是二长花岗岩和闪长岩。侵蚀切割虽然不如中山强烈，但地形仍然十分陡峭。

（3）溶蚀侵蚀构造低山　此类地貌主要分布在泰山外围地带，海拔高度500～700 m，既有泰山变质岩系侵蚀形成的，也有底部为泰山群基底，上部为古生界沉积盖层，具双层构造的。变质岩系组成的山岭外形呈三角形，顶部浑圆，山坡较为平缓，沟脊相间，坡积物—洪积物发育。山体若为双层构造的，其顶部常为寒武系的厚层石灰岩。由于石灰岩结晶致密，抗风化能力强，主要是化学风化过程，所以经常有方山地貌形成。山体上部呈现直立陡壁，下部则为容易破碎的页岩或泰山群变质岩，坡度骤然减缓。方山地貌以济南市长清区馒头山最为典型。如若干石灰岩顶部相连，就会形成长垣形岭脊。

（4）溶蚀侵蚀丘陵　其主要分布在泰山北部边缘地带，海拔高度 300～500 m，多为下古生界的石灰岩和页岩。岩石风化过程以化学风化为主，侵蚀切割比较微弱，地形低矮平缓，沟谷不发育。在平缓的山坡上，经常见到被溶蚀的石灰岩形成的石芽和溶沟相间排列的微地貌。这种溶蚀残留的岩块由于其千孔百窍，外形奇特，可以作太湖石。

（5）侵蚀丘陵　侵蚀丘陵多分布在泰山南部边缘地带，西起大河经虎山东至黄前一线，海拔高度在 200 m 左右，与上述丘陵的差异主要是岩性，基岩多为泰山群地层，侵蚀较弱，形成许多孤立或相连的缓丘。

（6）山前冲洪积台地　这一地貌单元已在山体外，但与山体相连，主要是山上的流水出山以后与在山口的沉积物相接而成的缓平地貌，海拔高度在 100 m 左右。台地微向南倾斜，坡度为 3°～5°，现主要土地利用方式为居住地、果园和农田等，泰安市北部就坐落在这个台地上。

6. 地质景点　泰山不仅风景优美，历史古迹众多，地质景点也随处可见。

现将比较有名气的地质景点由山下向山上逐一介绍。

(1) 蒿里山　蒿里山又称号令山、英雄山，位于泰安市南部，泰山火车站东南，海拔 193 m，为一石质山丘。蒿里山出露的主要是古生界寒武系的石灰岩，其结晶基底为太古界泰山群地层。蒿里山岩性与泰山的变质岩截然不同，二者之间相隔着一条东西向大断层——泰山山前弧形断裂。25 亿年前泰山运动使得本区褶皱隆起上升成为山地，岩石遭受强烈变质形成以片麻岩为主的变质岩系。到了古生代，这里地壳又不断下降，沉积了巨厚的以石灰岩为主的海相地层。其后经过多次反复升降，到中生代时地壳剧烈运动，形成了大致东西向泰山山前弧形断裂。断裂以北泰山本部断盘上升，且该盘南部抬升量大，越向北抬升量越小，形成一个单斜构造，岩层倾向东北。断裂以南断块下降，就是蒿里山所在的部位，岩层也倾向东北。以后本区一直没有大的下沉，在外力作用下，泰山本部的沉积盖层逐渐被剥蚀掉，出露了变质岩系，断层以南的沉积岩则保留下来。蒿里山寒武系石灰岩中富含生物化石，动物化石以三叶虫为主，三叶虫中的蒿里山虫就是在此地首先发现并命名的，蜚声中外。

(2) 岱道庵断层崖　岱道庵村在泰安市东北方向的泰山山脚，该村北面有一石质陡崖，高约 5 m，就是岱道庵断层崖。这个断层崖是泰山山前弧形断裂的露头之一。断裂走向近东西向，断层面几乎直立。该断层崖出露部分由花岗片麻岩组成，崖前为第四纪沉积物。崖上有断层角砾岩的一种——磨砾岩存在，角砾成分主要是二长花岗岩和片麻岩碎块。断层面上可见摩擦镜面、擦痕、阶步等断层产物，并有绿帘石等变质矿物生成。由于泰安市相当一部分建筑修建在泰山山前，所以很难见到泰山山前弧形断裂的露头。岱道庵断层崖的存在，为地质实习提供了一个十分珍贵的观察点。

(3) 黑龙潭瀑布　若沿西路登泰山，在长寿桥下可见一高于 20 m 的瀑布沿峭壁直落而下，瀑布下跌水冲出一个口小肚大的深穴，这就是黑龙潭（图 2-5-1）。黑龙潭的形成与流水流经河床的岩性和构造密切相关。瀑布水流下的岩石是二长花岗岩，造岩矿物主要是浅色矿物——钾长石、斜长石和石英，黑云母等暗色矿物含量很少，因而抗风化能力较强。瀑布壶穴所在

图 2-5-1　泰山黑龙潭瀑布

的岩石为黑云角闪斜长片麻岩，暗色矿物如黑云母和角闪石含量较高，又具粗粒晶质结构，易风化。再经风化和流水长期冲刷，下方的片麻岩逐渐被侵蚀掉，瀑布落差越来越大，再加上新构造运动节奏性抬升，形成"飞流直下三千尺"的地貌景观。

二长花岗岩的南边缘，即瀑布开始下落的部位，有一白色条带沿峭壁边沿展布，群众把它称为"阴阳界"，意思是越过此线便入阴间，警告游人不要冒险。阴阳界实际上是一条浅色岩脉，是酸性岩浆后期贯入二长花岗岩的节理和裂隙冷凝而成，主要矿物为石英和长石。其抗风化能力极强，流水冲刷得十分光滑，再加上有青苔等生于其上，踩上去就很可能滑落崖下。

（4）万笏朝天　泰山变质岩在形成过程中，受到过强大的挤压力。在压应力的作用下，岩石产生节理。位于经石峪北的盘道边的岩块，就是剪节理切割而成。该处岩石为角闪斜长片麻岩，受 15°、60°、315°3 组垂直节理的切割，将岩石切割成横断面为多边形的岩块，再经外力作用风化后，形成了直立地表板柱状岩石。由于这些林立的岩块颇似古人上朝面君时手中所持的笏板，因而被形象地称为"万笏朝天"。中天门以北的"快活三里"处有一景点名为"斩云剑"，是一个板状石块，其形成原因与万笏朝天的岩石基本相同。

（5）醉心石　登泰山刚过红门，便可以看到盘山路西侧有若干大小不等的圆桶状黑灰色岩体出露地表，并有古人石刻题曰"醉心石"。该岩石岩性为辉绿玢岩，是一条基性岩脉。这条岩脉沿 NW350°方向呈浅成侵入于泰山群变质岩系之中，岩脉长 5 000 m 以上，南起泰山红门南，北至泰山北坡仍有出露，脉宽 20～60 m，倾向南西，倾角 80°左右。岩脉出露地表后经风化作用形成汽油桶状匍匐地面（图 2-5-2），横断面 0.5～4 m。奇特的是岩石的节理不是直线，而是呈围绕岩心的同心圆分布，形成环层，风化后也是沿桶状节理层层剥落。这种节理一般认为是岩浆向上运移过程中岩浆结晶分异并冷凝而成。

（6）中天门　中天门海拔 847 m，是登泰山路线的中点，由天外村登山的西路和由岱宗坊登山的东路在此会合。乘汽车

图 2-5-2　泰山红门岩脉桶状构造

上山也止于此，再向上便没有盘山公路了。中天门出露的岩石是黑云母石英闪长岩，中—粗粒结构，块状构造，主要矿物成分有斜长石、石英、黑云母，次要矿物是微斜长石和角闪石。岩石经同位素年龄测定约为 25 亿年，是泰山比较古老的岩石之一。在中天门石坊东侧，可以看到大量闪长岩的球状风化体，大小不一，直径从几厘米到几米不等。风化过程中，形成同心圆状风化节理，外层岩石围绕球核层层剥落。

中天门一带地势南陡北缓，向下（南）看是陡峭的台阶，向北则先下坡再经过一段平路，然后向上攀升。在登山途中很难碰到如此平坦的路面可以稍作放松，因而这里被称为"快活三里"。这种地势与地质构造密切相关：中天门前有一断层发育，走向北东东，与泰山山前弧形断裂大致平行，倾向南东。该断层是一个正断层，下盘中天门相对上升，南面上盘相对下降。所以中天门前陡后缓，而且后面地势还略有降低。

（7）拱北石　拱北石位于泰山极顶东方的日观峰，是一块 10 m 长的向北方伸出的板状岩石。在泰山的宣传画上经常可以看到人们坐在拱北石上向东眺望日出的照片，所以它也是泰山的标志之一。该石的岩性为斑状二长花岗岩，岩石比较致密坚硬。它原始的产状应为直立的，由于花岗岩立方体节理的分割，将岩石切割成板状。水平节理和风化作用又使得它歪倒下来被原来在地面的岩石支撑，从而以与地面约 30°的夹角指向北方的上空，被称为"拱北石"。由于岩体上水平节理及沿此节理贯入的岩脉的存在，岩石有可能断开，所以现在在拱北石周围已围上栏杆，禁止游人攀登。

（8）石河　在泰山极顶向山后鸟瞰，可以看到山顶的峡谷中有大量大小不一的石块，沿山谷顺势而下，颇似奔泻的流水，这种地貌现象称为石河。多数人认为这是一种重力地貌现象。泰山极顶的岩石以片麻岩和混合花岗岩为主，花岗岩经常发育有 2 组垂直节理和水平节理，本区的片麻岩的节理和片理也充分发育，且与本区构造线大体一致，主要有北西、北东和东西 3 个方向，因此岩石很容易遭受风化破裂。泰山山顶年平均气温只有 5.3℃，较山下低 7.5℃，低于−10℃的日数就有 45.9 d。泰山山顶年平均降水量 1 106.9 mm，远大于山下的 706.6 mm。山顶的主导风向为西南风和偏东北风，年平均风速 6.8 m/s（山下 2.5 m/s），年大风日数 144.1 d。在这种气候条件下，使得山顶岩石很容易风化，且以物理风化为主。风化破裂的岩块在重力作用下，不断地坠入沟谷中，沿山谷排列，形成石块大小混杂、棱角明显的重力堆积地貌。也有学者认为这是第四纪冰川遗留下来的冰川地貌，见仁见智，有待进一步研究。

（9）新构造运动的形迹　新构造运动不但深刻地影响着泰山地貌的形成，而且造就了许多奇特的微地貌景观，成为泰山独特的风景线。

①三级夷平面：泰山在新构造运动的影响下，至今仍然以大约每年0.5 mm 的速度上升。新构造运动的振荡性和节奏性，使得泰山的抬升表现出阶段性——形成了多级夷平面。第三级夷平面是最早的夷平面，它是由岱顶向北缓慢倾斜并降低的一个侵蚀面，这个侵蚀面被称为鲁中期夷平面，相当于北台期，大约形成在早第三纪。山南面的中天门一带平缓的岭脊也属于这一级夷平面。第二级夷平面分布于扇子崖至中天门之间的平缓山脊上，海拔高度600～800 m。它是鲁中期夷平面形成后泰山地区地壳相对稳定，长期侵蚀夷平，到上新世泰山又遭快速掀斜抬升而残留下来的准平原面，相当于唐山期。第一级夷平面，分布在山前坡麓地带，如红门、虎山等景点。它也是上一级夷平面形成后地表再经稳定侵蚀形成准平原再经抬升而成，抬升发生在早更新世，称为临城期。这种多级夷平面和阶地的组合称为多层地形。

②三级阶地：泰山地区既然有多级夷平面的形成，多级阶地的出现也就不奇怪了。在泰山周围河流流经地区的河谷中，经常可以看到三级河流阶地。如泰安至济南中途的青杨一带，有一条向北流的河流称为北沙河。一级阶地高出河床 6 m，104 国道在其上通过；二级阶地高 20 m，京沪铁路在其上通过；三级阶地高约 30 m，多已遭侵蚀破坏，已看不出连续的外貌，成为若干高度大致相等的平顶残丘。这三级阶地在河流上、中、下游高度不同，阶地级数也不一定都是三级，就是阶地性质也不完全相同，有的在河流西岸是基座阶地，在东岸就是堆积阶地。

③三潭叠瀑：除前面介绍过的黑龙潭瀑布外，沿山前河谷河水向山下奔泻途中，形成许多大大小小的瀑布，比较有名的还有云步桥瀑布等。这些瀑布的形成，除与岩性和地质构造有关外，也受新构造运动的影响。如黑龙潭瀑布上方还有 2 个跌水冲出的壶穴，和黑龙潭连起来可以看作是连续的三潭。斗母宫东侧深涧内，也有由 3 个跌水组成的三级小瀑布，每级落差约 3 m，被誉为"小三潭印月"。其实这样的连续的跌水很多，黑龙潭以下也有若干壶穴发育。泰山地势比较陡峻，又处于构造上升阶段，山区河流以侵蚀作用为主。在内外力地质作用的控制下，再加上岩石抗侵蚀力、地形地貌等影响，差异侵蚀就使得河床成为阶梯状。假如新构造运动停止，河床在长期的均夷化过程中就会达到平衡剖面，发育成一条上陡下缓的圆滑曲线。

（二）山东馒头山地质实习

1. 实习内容　①了解沉积岩的形成过程、产生时代、结构、产状、形成原因及现象。②学习使用地质罗盘仪，并测量岩石产状：走向、倾向、倾角。③观察张夏镇标准地层剖面及地层接触关系。④观察河流阶地、次生黄土、地堑、断层、喀斯特等地质地貌现象。

2. 观察内容　馒头山位于山东省济南市长清区张夏镇南 2 km，104 国道的西侧，海拔 408 m，当地老百姓习惯称此山为"馍馍山""满寿山"，因其状如馒头所以又被称为馒头山（图 2-5-3），其地质年代属古生代寒武纪浅海相沉积地层，距今约 5.3 亿年。

张夏镇地处泰安和济南间的交通要道，京沪铁路、京福高速公路、104 国道都由此经过，交通十分便利。这里寒武系地层构造简单、出露完全，十分有利于地质考察。它是我国地层和古生物研究历史最长、研究程度最高的地层剖面之一，在我国地质学史上占有重要地位。早在 1903 年，美国学者布来克·维里士就来此处考察，以后不断有国内外地质工作者来这里开展工作，至今经久不衰，每年也有许多高等院校到张夏镇实习。为了保护这一带的地质剖面，2002 年馒头山被山东省政府批准为省级地质公园，2003 年馒头山被联合国教科文组织命名为世界第三地质名山。馒头山具有丰富的岩层产状，是进行地质学科普教育的"天然博物馆"。

图 2-5-3　张夏镇馒头山

（1）地层　张夏寒武系地层分为下、中、上 3 个统 7 个组。下统有馒头组和毛庄组，中统有徐庄组和张夏组，上统有崮山组、长山组和凤山组。下伏岩层为泰山群红色花岗岩，不整合接触。上面地层为奥陶系石灰岩，整合接触。由下到上各组主要特点如下。

①馒头组：本组是一套浅海相的石灰岩、硅质石灰岩、泥质石灰岩和紫色钙质页岩，最底部是 2 m 的灰黄色泥质页岩，中下部石灰岩较多，有一煌斑岩侵入体，中上部页岩增多，顶部为 13 m 厚的鲜红色易碎页岩，有中华莱德利基虫、尹氏虫等三叶虫化石。

②毛庄组：本组是一套浅海相的紫色、紫灰色砂质云母页岩，夹少量薄层石灰岩和石灰岩透镜体。石灰岩开始有鲕状结构，有的石灰岩含白云石，中上

部出现竹叶状石灰岩夹层。生物群以褶颊虫科的三叶虫为主，还有软舌螺。

③徐庄组：本组是一套浅海相的紫灰、黄绿色砂质云母页岩和交错层砂岩，夹有薄层石灰岩或石灰岩透镜体。一般本组中上部石灰岩增多。

④张夏组：本组由浅海相厚层鲕状灰岩、厚层至薄层灰岩组成，夹有一些黄绿色页岩和石灰岩透镜体。其生物群以褶颊虫科的三叶虫最繁盛，耸棒头虫目的叉尾虫科和长眉虫科次之。

张夏一带还可以观察到河流阶地、次生黄土、地堑、断层、喀斯特等地质地貌现象。

（2）地层不整合接触面　不整合接触，又称为角度不整合，是2套地层的产状既不平行、地层时代也不连续的接触关系，其间有地层缺失，这种关系反映了这里曾经发生过显著的水平运动和差异性升降运动。如馒头山不整合接触面（图2-5-4），下面是太古代的花岗岩，上面是寒武纪的黄色页岩和石灰岩，上下相隔大约20亿年。

图2-5-4　馒头山不整合接触面

（三）山西五台山实习

五台山位于山西省东北部忻州地区五台县北隅，中心地区距太原市230 km，距忻州市150 km。忻州地区西隔黄河与陕西省相望，东以太行山与河北毗邻，北以内长城、恒山为界，南至晋中与太原接壤。

五台山是我国著名的四大佛教名山之一，属北岳恒山山脉，北望恒山，西望代县雁门关，地跨五台县、代县、繁峙县和河北省的阜平县，呈北东—南西向。五台山由5座山峰环抱而成，五峰耸峙，高出云表，顶无林木，平坦宽阔,如垒土之台,有东、西、南、北、中5个台顶,故名五台。其中北台峰顶海拔3 058 m,是华北地区最高峰。滹沱河从五台山北部发源,绕西南向东注入海河。五台山属于剥蚀断块中高山,相对高度1 000 m以上,发育多级夷平面。

1. 五台山夷平面观察 在准平原形成后,如果地壳剧烈上升,平原地形就会转变成高原,并进一步转变为山地。但在山顶部分仍残留着古准平原的面,而且各山顶的海拔高度基本一致,这种地形称为夷平面。夷平面广泛分布在分水岭地区,与阶地一样,也是新构造运动上升的标志。

五台山的5个台顶原为夷平面,后因断裂不均匀抬升分开,现在各自高度相差甚多。

2. 五台山冰缘地貌的观察 冰川的边缘区虽然没有冰川覆盖,但是气候寒冷,地表及地下存在有多年冻土,温度周期性地发生正负变化,冻土层中的地下冰和地下水不断发生相变和迁移,以至土层产生应力变形,甚至受到剧烈破坏和扰动,这一复杂的过程主要是由反复冻融交替引起,故称为冻融作用。冻融作用塑造出各种类型的冻土地貌,所以冰缘地貌也称为冻土地貌(图2-5-5)。

石海(图2-5-6)集中分布于中台和北台,分布高度在2 700 m以上,出现在平坦的台顶,由于冰劈作用岩石破裂。岩块上棱角明显,说明未经搬运,经证明,其形成于3.5亿年前。

石河(图2-5-7)分布高度在1 800~2 200 m,南台可见,在原先的"V"形谷中,因流水作用分布位置较低。石环(图2-5-8)分布在较平缓的缓坡上,大石块排成长圆形,中台到北台的路上多有分布。

图2-5-5 冻土地貌—冻胀土丘
(五台山北台台顶)

图 2-5-6　五台山北台的石海

图 2-5-7 五台山石河

图 2-5-8　五台山北台的石环

3. 五台山阶地　沿清水河分布的阶地呈长条状平台。一级阶地高出河面 7~8 m，为堆积阶地，由砂粒组成。二级阶地高出河面 20 m，显通寺位于其上，是堆积阶地，下为砂砾石，上为马兰黄土。三级阶地高出河面 30~40 m，大部分是基座阶地，上层为砾石层，有些马兰黄土，下部为基岩，菩萨顶位于其上。

4. 上垒洪积扇　上垒洪积扇由暂时性洪水在沟口堆积而成，当老洪积扇形成后，由于地壳抬升运动后形成的洪积扇叠加在前一洪积扇之上，部位较低于老洪积扇。五台山区可见到 3 个叠在一起的洪积扇。

5. 冰川地貌　在台东可远望第四纪形成的冰川地貌——角峰。2 个或 2 个以上的冰斗发育在一座山峰的周围，彼此经过强烈剥蚀，结果形成尖锐的山峰，具有金字塔形的外貌，称为角峰。如果相邻 2 条冰流平行下注，共同剥蚀其间的山脊，并扩大冰川谷，使山脊越来越窄，山坡成为陡岩峭壁，山脊随之具刀刃状外貌，称为刃脊或鳍脊。

6. 五台山群变质岩系的观察　五台山有三大类岩石，主要由非常古老的变质岩组成，整个五台山区出露的地层有上太古界五台群、下元古界滹沱群、上元古界震旦系（分布在五台山南坡，为未变质或轻度变质的沉积岩）。其下部为碎屑岩构造——砾岩、砂岩和页岩，上部碳酸盐岩构造为白云岩、燧石白云岩，还有古生界的寒武系、奥陶系、石炭系、二叠系地层以及新生界第四系地层。五台群由黑云母花岗片麻岩夹角闪片麻岩组成。

（1）五台山周围　东到庄旺青羊口、神堂庙，北到鸿门崖，南到桥儿沟，为上太古界五台群庄旺组，以黑云角闪片麻岩、斜长角闪片麻岩、变粒岩、大理岩为主。东台顶为中生代燕山期早期花岗岩、二长花岗岩、黑云母花岗岩、花岗斑岩和石英斑岩。

（2）南台周围　东到金岗库、刘定寺，南到红石岭，西到木山岭、雕王山，有零星分布的下元古界滹沱群，以石英岩、千枚岩、大理岩夹变质砾岩为主。

（3）北台周围　北到滹沱河沿岸的山地，南到中台、西台周围山地，西到铺山铜谷，东到车场周围，为上元古界五台群木格组，为混合岩化片麻岩、黑云变粒岩、角闪片岩互层、磁铁石英岩、千枚岩。

（四）山西大同火山群观察

山西省雁北地区有较大面积的火山群，分布于大同、阳高、浑源、朔县、应县、山阴等县，面积约为 300 km²。整个火山群的西部火山群位于大同县境内，故称为大同火山群。大同火山群基地的地层中以马兰期黄土分布最广，几乎遍布本区各地。第四系三门组及太古界古老桑干片麻岩在地表几乎没有出露，仅出露于某些切割较深的冲沟中。

大同火山群是我国第四纪火山群之一，共由 30 多个火山锥组成（图 2-5-9），其中渣锥 20 个、熔岩锥 8 个、混合锥 2 个，在狼窝山和马蹄山的火山口内还发育有熔岩穹丘。大同火山群是发育在黄土高原上的死火山群落，主要分布在北纬 40°平坦宽广的大同盆地东部和桑干河中油河谷谷地。它们在地形上表现为孤山，海拔高度在 110~1 400 m。

从地貌上清楚可见的火山有：黑山、狼窝山、金山、阁老山、小牛头山、双山、小山、老虎山、牌楼山、东坪山、磨儿山、昊天山等。另外还有大量的在地形上隐隐约约地表现为一些小丘、发育不好的火山。

1. 黑山火山　黑山是大同火山群中规模最大的火山，呈扁平穹窿状（图 2-5-10），位于火山区北缘。黑山上有个浅火山口，其缺口在西北方。火山口垣高低不一，相对高差 5~25 m，分成 3 个明显独立的拉长顶峰，其中以东峰为最高。东峰上耸立着一个大古老的烽火台，从很远的地方就可以看到，由于火山口垣高低不一，自山顶观望火山口并不清楚，火山口覆盖有黄土。

黑山的山坡，北坡比较平缓，多为黄土覆盖；东坡、南坡和西坡逐渐地过

图 2-5-9　大同火山群

（郭丙大摄）

图 2-5-10　大同火山群——黑山渣锥

（徐平摄）

渡为平原地区，直径大约 1.5 km，接近于山脚准确的直径。山顶与山脚的相对高差为 125 m。

2. 狼窝山火山　狼窝山是大同火山群中火山口最为深邃的一座（图 2-5-11），位于火山区的北部，在黑山和金山之间偏南。狼窝山的外形极为特殊，并因观测地点不同而形状各异。自西北望狼窝山是一个宽缓的截头圆锥状，并能在西北方清楚地看到破裂的火山口；自南方或东南方望，狼窝山呈不对称的阶梯状，其上边向东逐渐升高。狼窝山与附近的盘山和黑山的地形一样，都是不对称的，但其山坡比较峻陡。

狼窝山山脚沿东西方向略长一些，长轴约为 909 m，山的相对高差约为 120 m，东部最高的地方达 130 m。火山口明显且巨大，直径约为 500 m，深约 30 m，在东部深达 40~50 m。火山口垣高低不一，东部最高，其次是北部，南部和西部略低些。火山口破裂于西北部，方位角 NW325°，其外形是向各方很快散开的锥。寄生火山底部直径约为 30 m，高 6～7 m，由带微微崎岖不平表面的多孔橄榄玄武岩构成。

图 2-5-11 大同火山群——狼窝山渣锥

（徐平摄）

3. 金山火山　金山是大同火山群里规模较大的火山之一（图 2-5-12），位于火山区西北。从聚乐堡火车站向南望，第一个小山即是金山。金山火山口保存相当完好，火山锥的外观形状随观察者位置不同而有显著的变化，在平面图上呈马蹄形，向北开口。自北望金山，火山锥顶东高西低，山脚宽约 300 m，相对高差约 30 m（自北方目测）。

图 2-5-12　大同火山群——金山渣锥

（徐平摄）

组成火山群的火山岩属于基性岩。观察肖家头疙瘩东侧冲沟内三门组地层中所夹 3 层火山碎屑岩和金山西大冲内马兰黄土中夹有的火山熔岩，由这 2 个剖面分析推测，火山喷发始于第四纪早更新世三门期之中，终于晚更新世马兰黄土沉积时期。

（五）吉林长春地区实习

长春位于东北地区中部，处于北北东向展布的郯庐断裂与东西向展布的中朝古板块和西伯利亚古板块陆缘碰撞褶皱造山带的交切复合部位。这一特殊的大地构造背景造就了本区丰富的地质实习资源。

1. 地层岩性 长春及其周边地区地层属于天山—兴安地层区，最古老的地层为下古生界。由于多期岩浆侵入和构造影响，地层支离破碎，出露多不完整。出露地层如下。

（1）第四系 第四系为一套松散堆积物，主要分布于松辽盆地和伊舒盆地内。

（2）第三系 第三系仅分布于伊舒地堑盆地内，主要为陆相碎屑沉积和基性火山岩。

（3）白垩系 白垩系分布于松辽盆地东缘及伊舒地堑盆地东缘，以营城子组和泉头组分布较广。营城子组为一套中酸性火山岩和正常碎屑岩，夹煤层。泉头组为一套河湖相沉积的砂岩、砾岩和粉砂岩。其内常出土恐龙化石。

（4）侏罗系 侏罗系主要分布于松辽盆地东缘和双阳盆地，为一套砂岩、粉砂岩、泥岩、夹凝灰岩和薄煤层，厚度多达 1 000 m，与下伏地层多为角度不整合接触。

（5）三叠系 三叠系主要分布于永吉一带，主要为一套砾岩、砂岩和泥岩，厚度近 5 000 m。

（6）二叠系 二叠系分布于大黑山丘陵及永吉、吉林一带，为海相碳酸盐建造、中酸性火山岩建造和陆源碎屑岩建造。

（7）石炭系 石炭系主要分布于双阳东南地区，为一套中厚层的浅海相碳酸盐构造和陆源碎屑岩构造。双阳吊水壶溶洞和磐石官马溶洞均产于此层位中。

（8）志留系 志留系主要分布于大黑山一带，为一套粉砂岩、泥岩夹酸性熔岩和凝灰岩，一般均有轻微变质。

（9）奥陶系 奥陶系分布于大黑山景家台一带，为海相中酸性火山岩、石灰岩和碎屑岩。

2. 岩浆作用 岩浆作用包括侵入作用和火山作用。受构造影响，本区岩浆侵入活动十分强烈，规模较大，多呈岩基或岩株，集中分布于大黑山丘陵地带和辽吉东部山地。

（1）晚印支期 晚印支期以中酸性岩为主，岩性以斜长花岗岩和花岗岩为主，主要分布于伊通—双阳和大黑山地垒山一带。

（2）燕山期　燕山期以花岗岩和花岗闪长岩为主，闪长岩次之，分布于大黑山丘陵和辽吉东部山地的广大地区。实习路线中所见的侵入岩主要为这一时期的产物。

本区火山活动非常强烈，古生代主要为优地槽海底火山喷发。中生代地槽褶皱回返，褶皱、断裂和火山活动均较强烈。侏罗纪和白垩纪火山活动最强，主要分布于大黑山地垒山和辽吉东部山地西缘的断陷盆地内，营城子和净月地区分布的酸性火山岩是其代表。新生代火山活动也很强烈，主要分布于伊舒地堑盆地内和松辽盆地东部边缘，形成伊通—舒兰火山群带和大屯—范家屯火山群，它们与伊舒断裂带和松辽盆地东部边界断裂活动关系密切。岩性主要为玄武岩和橄榄玄武岩，可划分为4个旋回：第一旋回为古新世，以大屯火山为代表；第二旋回为始新世，以舒兰火山群中的前团山和后团山为代表；第三旋回为中新世，以伊通火山群为代表；第四旋回为更新世，以舒兰火山群的凤凰山层状玄武岩为代表。

3. 地质构造　长春周边地区最宏观的构造为郯庐断裂的分支——伊舒断裂和松辽盆地东部边缘断裂，其次为北西向构造和南北向构造。前两者控制着本区大陆地貌的类型和展布，后两者控制着本区的局部地形、沟谷和河流的展布。东西向断裂也是本区的主要构造，以西拉木伦深大断裂的东延部分为代表，因受北东、北北东和北西向断裂切割而呈断续分布。

本区褶皱主要分为5个时期：①加里东期，以伊通县由奥陶系和志留系组成的五台子街—孙家粮房复式褶皱为代表，褶皱较紧闭，轴向呈东西向延伸。②早印支期，以位于双阳一带的由石炭系和二叠系组成的常家沟—河北屯复式倒转背斜为代表，轴向自东向西由东西向转为北东向。双阳吊水壶溶洞产于该褶皱中。③晚印支期，以舒兰的西土山单斜盆地为代表。褶皱开阔，以北东向为主。④燕山期，以双阳盆地为代表，主要为开阔的向斜盆地，轴向为北东向或北北东向。⑤喜山期，主要是第三纪沉积产生一些宽缓的向斜盆地。褶皱由老至新总体表现出由紧闭、倒转向宽缓对称转化，由东西向转为北北东向。

4. 地貌　受郯庐断裂控制，长春以东地区堑—垒式构造发育，在长春及其以东100余千米的范围内，依次分布着松辽平原、大黑山地垒山（丘陵）、伊舒地堑盆地和辽吉东部山地（图2-5-13），这是典型的盆岭式大陆地貌景观。

长春周边地区的地形地貌较为复杂，由西向东依次有平原、低山丘陵、盆地和山地，它们呈北东展布，总体上呈东高西低的地貌特征。松辽平原地形起伏小，海拔一般在210 m左右。向东为大黑山地垒，为绵延起伏的丘陵地带，

图 2 - 5 - 13 长春周边地区地貌单元分布

（引自王义强等，2004）

海拔一般不超过 500 m，相对高差不超过 200 m。大黑山呈北东向带状分布，宽度在 10 km 左右，延长近 300 km。向东为伊舒地堑盆地，盆地宽 5～20 km，北东向延长近 300 km。再向东为辽吉东部低山丘陵，海拔多在 500 m 以上，地形较大，向东一直延伸至著名的长白山山脉。

大黑山地垒山和伊舒地堑盆地的形成与郯庐断裂带长春—四平断裂的升降运动密切相关。大黑山地垒山为断裂上升区，属于地垒式构造；而伊舒地堑盆地为断裂下降区，属于地堑式构造，二者构成典型的堑-垒式构造地貌单元（图 2 - 5 - 14）。

图 2 - 5 - 14 长春周边地区堑-垒式构造形成

1. 松辽平原 2. 大黑山地垒山 3. 伊舒地堑盆地 4. 东部低山丘陵

（引自王义强等，2004，有改动）

长春市的主要地貌类型如下。

（1）低山丘陵 低山丘陵分布于市区东南部，属大黑山山脉的一部分，略呈东北西南走向，海拔大部分在 250～350 m 之间，相对高度为 50～100 m；东部的大顶子山海拔 407 m。山地丘陵面积在市区内所占面积较小，山地丘陵中有森林，低丘之间有些冲积平原和盆地，为农业耕作区；伊通河出大黑山北麓，从南向北穿过市区东部。

（2）台地平原 城区台地面积约占总面积的 70%，并高出伊通河一级阶地 10～20 m，地表稍有起伏，土质主要由黄土状土构成，海拔在 200～230 m。

（3）冲积平原　冲积平原主要由伊通河冲积作用形成，在河流两岸形成了比较宽阔的带状平原，面积占比近 30％，地势低平；沿河两岸的低洼部分，汛期常被洪水淹没，属河漫滩部分，组成物质多为粗砂或细砂，河漫滩两侧为宽窄不等的高漫滩或一级阶地，一级阶地高出河床 3 m 左右，其组成物质上部是亚砂土、亚黏土，下部是砂砾层，冲积物厚 10 m 左右；二级阶地面积较小，河床两侧可提供建筑用砂；平原上的河流洼地，多为淤泥质黏土或亚黏土，并夹灰色砂质透镜体。

（4）火山锥体　火山锥体在长春西南的大屯、范家屯一带，火山锥体突起在波状平原之上，多由玄武岩构成，是良好的建筑材料。长春东南的净月潭周围有很多死火山，如位于吉林农业大学校外约 2 km 的大顶子山就是侏罗纪的火山遗址，是典型的火山地貌。

5. 矿产资源　长春周边地区矿产资源非常丰富，能源有分布于伊舒地堑盆地内的长春油气田、莫里青油气田，分布于大黑山地垒山上的营城子煤矿、羊草沟煤矿等；金属矿产有分布于大黑山地垒山上的兰家金矿、长春放牛沟金矿、伊通放牛沟多金属矿；非金属矿产有双阳石灰石矿、九台膨润土矿、沸石矿等。

6. 长春周边地区地质发展简史　据地质资料推断，早在距今 5.4 亿年至 4 亿年的早古生代，长春地区为海洋环境。初期为半深海环境，中期为浅海环境，末期演变成海陆交互环境。

其中，距今约 4 亿年的奥陶纪时期，长春地区作为内蒙古—兴安海槽的一部分，本区属半深海环境。这一时期，海底火山频频爆发，大量岩浆涌出，形成了海相中酸性火山沉积建造。进入志留纪后，由于受加里东构造运动的影响，地壳隆起，本区处于浅海环境。

晚古生代石炭纪时期，长春地区地壳再度下降，处于浅海环境，形成了下石炭统浅海相陆源碎屑岩、碳酸盐岩及细碧角斑岩建造。长春地壳在这个时期里或升或降，海水则时深时浅。直到二叠纪晚期，长春地区地壳再度上升，海水从九台、双阳一带向东退去，进入陆地环境，形成了上二叠统陆相碎屑岩建造。

距今 0.65 亿～2.5 亿年的中生代，长春地区海水已经退出，开始古陆地环境的演变过程。

距今约 1 亿年，受燕山晚期运动的影响，地层发生褶皱和断裂，长春东部形成北东向展布的大黑山山脉，从此奠定了长春地区的现代山川格局。同时受构造运动的影响，燕山期岩浆侵入和喷发活动频繁。

7. 野外实习路线

（1）路线 1：幸福乡伊通河河流地质作用路线　幸福乡伊通河观察点位于

长春市以南 6 km 的幸福乡红嘴子伊通河畔，交通便利。河流地质作用、河谷地貌是本次路线的主要教学内容。

①主要实习内容：

Ⅰ. 认识河流的侵蚀、搬运、沉积作用。

Ⅱ. 认识河谷地貌及其与地壳升降和城乡规划建设的关系。

Ⅲ. 了解地面流水地质作用与水土流失及水土保持的关系。

②主要观察内容：伊通河发源于吉林省东丰县，由南向北蜿蜒曲折流经长春市，最后汇入松花江。伊通河河谷发育着现代河床、河漫滩、心滩、牛轭湖、蛇曲、一级阶地和台地（图 2-5-15）。河流东侧一级阶地宽约 5 km，河流西侧一级阶地一般宽度不超过 0.5 km。阶地地势平坦，土壤肥沃，河沙丰富，地下水充沛，是重要的粮食、蔬菜产地。河流阶地的形成主要与构造运动和气候变迁有关。构造运动使地壳抬升，原先河床的位置相对抬高，侵蚀基准面下降，水流下蚀作用增强，切割谷底，靠近两侧谷坡的谷底部分形成阶地。气候的长期干湿变化引起河流侵蚀作用和堆积作用的交替进行，就形成气候阶地。伊通河河谷阶地东西两侧均分布着明显的台地，它们呈南北向展布，一般高出阶地 20～30 m，台地的形成与其陡坡处存在的南北向正断层有关。由于受 2 条南北向的断裂作用，断裂远离河谷的断盘上升，地势抬高而形成阶梯状地形。阶地与台地的接壤地带为一坡度达 30°～70°的陡坡。

图 2-5-15　伊通河河谷横剖面

1. 全新统　2. 下更新统　3. 白垩系　4. 侏罗系　5. 花岗岩　6. 地质界线　7. 断层及运动方向

（引自王义强等，2004）

由于地形落差较大，片流、洪流十分活跃，冲沟、滑坡、洪积物、坡积物发育，个别地方出现土壤侵蚀，使水土大量流失，对农业生产、交通造成很大的破坏作用。城市规划和建设必须考虑上述地形地貌特征，做好水土保持植被和工程防护措施。

在台地上出露有大量白垩系泉头组地层，为一套河湖相沉积，主要由砾岩、砂岩和泥岩组成，沉积韵律明显，其中发育平行层理、斜层理、交错层理和波状层理等。泉头组地层是松辽盆地良好的油气储层和恐龙化石产出层位，在此层位已发现多处油砂和恐龙骨骼化石。

（2）路线2：奢岭侵入岩路线

①实习内容：

Ⅰ. 了解花岗岩岩体的成分、结构、构造的成因意义。

Ⅱ. 学习测量产状的方法，测量节理和断层的产状。

②主要观察内容：奢岭花岗岩观察点位于长春至双阳公路旁采石场内，深成岩侵入体的成分、结构、构造，岩体中节理和断层的观察描述和产状测量是该实习点的主要教学内容。

奢岭观察点出露的岩体为燕山期花岗岩深成侵入体。该岩体主要岩性为角闪花岗岩（图2-5-16），岩石新鲜面浅土黄色，风化面土黄色，中粒结构，粒度多在2～5 mm，块状构造，主要组成矿物为石英（约25%）、长石（约65%）、角闪石（约8%）、黑云母少量。其中角闪石呈柱状，粒度多在3 mm×5 mm左右。岩体2组节理发育。岩体中可见一小型断裂构造，断裂附近花岗岩破碎强烈（图2-5-17）。

图2-5-16　奢岭角闪花岗岩　　图2-5-17　奢岭角闪花岗岩中的断层

③思考题：

Ⅰ. 为什么奢岭花岗岩不出现气孔构造、杏仁构造？

Ⅱ.节理与断层的主要区别是什么?

(3)路线3:火山岩、构造及九台河流地质作用路线　该路线位于长春市东北50 km的九台市与营城子之间的采石场,公路直达,交通方便。河流地质作用、火山岩和构造是本路线的主要教学内容。

①主要实习内容:

Ⅰ.初步认识火山碎屑岩和火山熔岩。

Ⅱ.观察断层的主要特征,初步掌握判断断层及其几何特征的主要证据和方法。

Ⅲ.观察河漫滩的二元结构、现代河流的沉积作用特点。

②主要观察内容:

Ⅰ.流纹岩:在九台煤矸石砖厂路北侧有几个大的采石场可以观察到流纹岩,这里的流纹岩种类较全,具体有如下几种。

流纹构造发育的流纹岩,白色,斑状结构,斑晶是石英和透长石,基质为隐晶质或玻璃质,流纹构造十分发育,主要是由不同的颜色、粒度、成分等形成的条带状构造,是熔岩流动形成的构造。

气孔流纹岩,岩石呈白色,气孔构造十分发育,有的岩石气孔量可达40%以上。这些气孔是原先岩浆中的气体所占据的空间。

杏仁流纹岩,岩石呈白色,杏仁构造发育,杏仁为白色的物质(沸石),风化后呈白色粉末状。

石泡流纹岩,白色或灰白色,最突出特点是此类岩石石泡构造特别发育。石泡呈球形,中间往往有一个核心,石泡成分大都以硅质或长英质为主,大小从几毫米至几十毫米不等。石泡的形成是酸性岩的表面由于凝固时气体逸出,体积缩小而产生的具有空腔的多层同心圆球体,石泡在黑曜岩、流纹岩中最常见。

岩石的结构构造是岩石形成环境的反映,对比实习路线2的奢岭花岗岩与本路线的流纹岩在结构、构造和产状上的差别,了解2种岩石形成环境的差别。

Ⅱ.火山碎屑岩:在该路线可观察到的火山碎屑岩主要有正常火山碎屑岩类的层状火山角砾岩、层状凝灰岩,及向熔岩过渡的集块熔岩和角砾熔岩。

层状火山角砾岩,火山碎屑物以流纹岩岩屑和长石、石英晶屑为主,含量大于90%,角砾大小多为2~10 mm,韵律层理及成层构造明显。

层状凝灰岩,碎屑物粒度在2 mm以下,含少量角砾级岩屑,含量大于90%,层状构造发育。

集块熔岩,岩块为流纹岩或其他类型的岩石,粒度>64 mm,胶结物为熔浆。

角砾熔岩，角砾为流纹岩或其他岩石或长石、石英晶屑，碎屑物大小多在2～10 mm，含量小于 90％，胶结物为熔浆。

Ⅲ. 地质构造：在九台市与营城子之间，由于采石和修建铁路，出露了较多的构造形迹，既有褶皱，又有多种类型的断层和节理构造，是理想的构造地质教学实习路线。

正断层及逆断层分布于铁路两侧。正断层产状为 250°∠58°，由 2 条相互平行的小断层组成。从岩石被错开的情况来看，断层上盘有阶梯状下降的特点。逆断层产状为 250°∠70°，上盘为层状火山角砾岩及层状凝灰岩，层理明显，可见有断层上盘向上滑动产生的拖曳构造；断层下盘为块状熔岩。断层破碎带宽达 2.5 m，内有大量断层角砾岩和断层泥。断层面上有擦痕、镜面和阶步发育，对判断断层滑动具有指示意义。

在临近铁路的采石场分布有 2 条平移断层，断层出露有几平方米的巨大断层摩擦镜面，其上水平擦痕、阶步发育，断层面平直光滑，破碎带较窄。

在煤矸石砖厂对面的采石场分布有一大一小 2 个背斜。大背斜分布几乎囊括了整个采石场。背斜西翼产状为 260°∠32°，东翼产状为 35°∠88°。

Ⅳ. 河流地质作用：该观察点位于长春—吉林高速公路九台出口附近，可观察河床沉积和河漫滩沉积。

浅滩是河床底部的一些不同规模的冲击物堆积体，有的分布在河心，称为心滩，有的分布在岸边，称为边滩（图 2 - 5 - 18）。心滩形成于洪水期，河水在此期间形成双向环流，表流从中央向两侧流，底流从两侧向中央汇聚，然后上升，由于水的相互抵触和重力作用，使碎屑在河心发生沉积。河道在迁移弯曲的过程中，凸岸一侧水流速度小，水流方向离开河岸，使河水所携带的碎屑物在凸岸一侧沉积下来形成边滩。

图 2 - 5 - 18　河床沉积

A. 心滩式河漫滩　B. 边滩式河漫滩

河流洪水期淹没河床以外的谷底部分，称为河漫滩（图2-5-19）。单向横向环流使河床凹岸遭受侵蚀，谷坡后退，而河床凸岸发生堆积，形成浅滩。随着河床向旁侵蚀（侧蚀）的发展及河曲的移动，谷坡逐渐后退，谷底的范围逐渐扩大，堆积物的范围也逐渐扩张，形成河漫滩。洪水期河漫滩上水流速度较河床小，环流从河床中带到河漫滩上的物质为细砂、黏土等，称为河漫滩相冲积物，下层是由河床侧向移动沉积的粗砂、砾石，称为河床相冲积物，这种上层细、下层粗的结构就是河漫滩的二元结构。

图2-5-19　河漫滩相与河床相冲积物

图2-5-20　河漫滩沉积物的二元结构

在该观察点不远处可见到白垩纪泉头组地层，为一套河湖相的砾岩、砂岩和泥岩，具有明显的河漫滩二元结构（图2-5-20）。砂岩中发育水平层理、斜层理等（图2-5-21）。

图2-5-21　泉头组砂岩中的水平层理（左）和斜层理（右）

③思考题：

Ⅰ. 如何判断正断层和逆断层？断层存在的证据有哪些？

Ⅱ. 河漫滩二元结构的成因是什么？

（4）实习路线4：乐山变质岩路线　该路线观察点位于长春市西部的乐山镇，交通便利。变质岩是本路线的主要教学内容。

①主要实习内容：观察千枚岩的成分、结构、构造特点。

②主要观察内容：乐山镇附近出露的变质岩主要为千枚岩。岩石呈土灰色及绿黑色，岩石主要由粒度细小的新生绢云母和石英组成，并有少量绿泥石和长石。其中细小的片状矿物定向排列，类似于片状构造；岩石重结晶不强烈，晶粒细小，矿物颗粒肉眼不易辨别，具有显微鳞片变晶结构；在片理面上有较强烈的丝绢光泽（类似于绸缎的光泽），这是由于绢云母小鳞片平行排列形成

图 2-5-22　千枚岩

的；在片理面上常见有不平坦的细小褶纹。这种构造称为千枚状构造（千片之意），是千枚岩特有的构造（图 2-5-22）。

在观察千枚岩矿物成分时可取少量粉末，以手捻开，用放大镜观察，一般情况下绿泥石呈绿色小片，黑云母呈褐色（有时为绿色）小片，白云母呈白色小片，这样可大致确定千枚岩的主要矿物组成。千枚岩主要为富泥质（包括凝灰岩）岩石经浅变质而成，分布很广。

片理构造是变质岩中最常见的构造，它是岩石中片状、板状和柱状矿物在定向压力作用下，重结晶并垂直压力方向呈定向排列所形成的构造，如板状构造、千枚状构造、片状构造和片麻状构造等。观察片理构造时要着重观察矿物在岩石中总的定向排列特征，同时还应注意片理的发育程度（包括片理延伸程度、片理的厚度和分离性等），片理发育程度表现在矿物的结晶程度、颗粒大小和剥离性等方面。板状构造和千枚状构造，用肉眼难于辨其矿物颗粒，但千枚状构造的片理发育程度稍高于板状构造，千枚状构造可在片理面上看到具有微弱定向的绢云母小鳞片及其所具有的丝绢光泽，并常见弯曲的细小褶纹。相反，板状结构者，仅为板状剥落，成片性不明显。具片状和片麻状构造的岩石，肉眼都能分辨出它们的矿物颗粒，而且定向性强，岩石在整体上易分离，呈片状构造者特性明显；呈片麻状构造者剥离性差，但片麻理（片状和粒状矿物相间出现且定向排列）仍很清楚。一般确定为片麻状构造者都应含长石，否则不能定为片麻状构造。所以总的来说，具片状和片麻状构造的岩石，其重结晶程度应比板状和千枚状构造的岩石重结晶程度更高，如果原岩相同，从板状构造、千枚状构造、片状构造到片麻状构造，它们经受变质作用的程度是逐渐增强的。

（5）实习路线 5：伊通火山群路线　伊通火山群位于长春市南 63～80 km 的伊通县境内，公路四通八达，交通十分方便。火山岩及火山地貌是本路线的

主要教学内容。

①主要实习内容：

Ⅰ. 观察、描述玄武岩，观察玄武岩柱状节理的特征并分析其成因。

Ⅱ. 分析伊通火山群的喷发方式。

Ⅲ. 观察伊舒地堑盆地和大黑山地垒山。

②主要观察内容：

Ⅰ. 火山作用和火山地貌的观察：在大地构造位置上，伊通火山群位于中国东部的舒兰—伊通断裂带上，总体展布方向与该断裂带的展布方向相一致，火山呈并列状分布于伊舒地堑盆地的两侧，火山的喷发中心受该区发育的 NE 和 NW 向 2 组区域断裂系统的交汇部位控制。

伊通火山群共有大大小小 16 座火山，以西尖山和大孤山最为著名。火山群形成于距今 8.7 百万～20.8 百万年的中新世，为玄武岩火山群。火山群以浸出方式为主，并具有中心式喷发、火山锥坡度较陡、熔岩分层不明显、无明显火山口、喷出物有限、柱状节理发育、造型景观奇特和主要分布于盆地内等特点。

在伊通火山群火山熔岩中含有大量的来自地幔的辉石橄榄岩、辉石岩包体，辉石橄榄岩包体多呈次棱角状团块，最大者可达 15 cm，与寄主岩石玄武岩界线明显。包体新鲜面为暗绿色，风化面为黄色或黄绿色。研究表明，地幔辉石橄榄岩形成时的温度在 1 070℃左右，压力在 2×10^3 MPa 左右，相当于地下 70 km 左右的上地幔。

伊通火山群世界罕见，是人类难得的自然地质遗产，蕴藏着许多地质奥秘，已经成为中外专家、学者来此进行科学研究、地质教学的基地，也是旅游观光的好地方。

东小山位于伊通县内的西南大约 16 km 的地方，呈比较平缓的低山地形，露头较好，玄武岩气孔和杏仁构造发育，含有较多的橄榄岩包体，柱状节理发育。同学们在此应注意观察和描述玄武岩、橄榄岩包体的颜色、矿物成分、结构和构造特征等；观察和描述玄武岩柱状节理的特征。

大孤山为分布于东小山西侧的 2 个比较高耸的火山穹丘（图 2 - 5 - 23），海拔为 430.5 m，相对高度为 150 m。山峰上玄武岩柱状节理出露完好，柱体大小和产状多变，有直立的、倾斜的、水平的、交叉的等，构成许多极富特色的造型景观，如"塔林""金龟望日""天梯""芦笙崖"等。大孤山玄武岩结晶较东小山好一些，岩石中几乎不含橄榄岩包体，岩性单一，柱状节理十分发育，景观多，大小和方向多变。

西尖山位于伊通县内的西南大约 3 km 的地方。西尖山火山岩的景观十分壮观，柱状节理发育，粗大、规则的柱状节理将岩石切割成五棱柱、六棱柱、七棱柱。整个山体似由火山岩柱体堆砌而成（图2-5-23）。山体呈向上收敛、向下发散的伞状。西尖山拔地而起，有"擎天柱""火山大厦"之美称，号称"东方魔鬼之塔"。在此可观察西尖山玄武岩的结晶特点，柱状节理的特征。

图2-5-23　伊通火山群的西尖山（左）和大孤山（右）

（引自王义强等，2004）

Ⅱ. 观察伊舒地堑盆地和大黑山地垒山：站在大孤山山峰上远眺，可以看到伊舒地堑盆地、大黑山地垒山及大孤山和莫里青山之间呈北西向展布的平原型宽缓高地（图2-5-24）。大黑山地垒山和伊舒地堑盆地的形成与郯庐断裂带长春—四平断裂的升降运动密切相关。大黑山地垒山为断裂上升区，属于地垒式构造；而伊舒地堑盆地为断裂下降区，属于地堑式构造，二者构成典型的堑-垒式构造地貌单元。

图2-5-24　伊舒地堑盆地和大黑山地垒山

③思考题：

Ⅰ. 伊通火山群为什么以浸出作用为主？

Ⅱ. 玄武岩柱状节理的成因是什么?

(六)四川雅安地区实习

1. 实习区概况　雅安市位于川西地槽区和川东地台区之间,地壳运动剧烈。从震旦纪以来,历次构造运动为雅安地区遗留下北东向、北西向、南北向等多种走向的褶曲和断裂。在水平运动和垂直运动的作用下,产生拉伸、压缩、剪切、弯曲、扭转等种类俱全的岩石变形,构成"歹"字形、"人"字形、"山"字形等类型多样的构造体系。

除石棉县、宝兴县西北部一小块属于川西地槽区外,其余均属川东地台区。由于雅安市成陆时间早、年代久,因而地层发育比较齐全,从前震旦系至第四系均有代表。但由于其位于地台与地槽之间,地壳运动频繁,因而厚度变化极大,分布极不均衡。且该区域绝大部分属于地台区,地层发育齐全,因而建造系列显示为双层式结构。下层为基底,包括结晶基底、褶皱基底与岩浆基底,厚度约为 30 km;上层为盖层,主要为沉积岩夹少量喷出岩,厚度各地不一,一般为 4~10 km。在地质史上,除芦山褶断束外,自古生代开始,雅安地区多处于相对稳定或上升的过程中。因此,基底岩系大面积裸露,而盖层岩系多高悬于山坡、山顶或堆积于盆地之中。

新构造运动虽承袭老构造的格局,但在名山、雅安、荥经 3 县市(区)仍有局部隆起和断裂,造成青衣江水系出现河流袭夺现象。这不仅改变了原来水系的格局,也使雅安地区增加了新的河谷地貌和横谷地貌。

第四纪冰期,大渡河干流及其他支流曾被中更新世 2 次冰川覆盖,因而为雅安地区带来冰川地貌。青衣江和大渡河谷地两侧的阶地,大部分是受冰川的影响而形成的。随着第四纪新构造运动的抬升和冰川刨蚀下切而成的"U"形谷,因冰川萎缩下切加深而形成的多级阶地,都留下冰川沉积物。

雅安市就地貌看,介于青藏高原与四川盆地之间;就地质构造单元看,位于四川东部地台区和西部地槽区之间;就地槽区与地台区下分的构造单元看,雅安地区占有川东地台区的龙门山褶断带南段、康滇地轴北段、峨眉断块西部以及四川中台拗次级构造单元芦山褶断束大部。宝兴县西部及天全县西北角,属于西部地槽区的平武金汤复背斜构造单元;石棉县西部属于地槽区丹巴复背斜和三垭复背斜构造单元。两大构造区的地缝合线——龙门站、鲜水河、安宁河三大断裂带,正穿过芦山、宝兴、天全、石棉 4 县境内。就构造体系看,川滇南北构造带、北东走向的龙门山褶断带、金汤弧形构造带、走向互异的峨眉断块,均在雅安地区交汇。因此,地壳运动的活动性和不均一性表现非常突出,地貌显得特别复杂。

2. 主要实习内容

（1）观察不同区域的地层岩性状况，了解其环境。

（2）练习地质罗盘仪的使用，测量岩层产状。

（3）了解不同区域的构造特征（单面山、向斜、背斜等）。

（4）观察双石镇等地断层及断层角砾岩。

（5）观察龙门镇的漏斗状地貌，分析其成因。

（6）沿途观察青衣江不同河段的地质作用，并分析不同阶地的成因。

（7）了解和观察不同区域的地质灾害及其严重后果。

（8）采集不同区域岩石，进行室内鉴定。

3. 典型野外实习路线观察点：雅安—飞仙关—芦山实习

（1）雅安市西门大桥

①雅安向斜：轴线北起北郊乡，隔大石板冲断层与中里向斜相接，向南西经雅安西城区后沿濛江河谷直达麂子岗，走向北东 20°～25°。两翼基本对称，地层倾角 30°～50°，形态为近于盆地的小向斜。核部为第三系地层，两翼为白垩系，核部表层有第四系物质的沉积。

②蒙山背斜：蒙山背斜，又名莲花山背斜，位于雅安市北部与名山区西部交界处。由雅安市北郊乡往北，经蒙山再沿莲花山延入邛崃市境，称为三和场背斜。蒙山背斜轴线走向为北北东 15°～20°，西南端偏转成南 50°；被峡口张扭性断裂破坏，南东翼被蒙泉院断层破坏，又与新开店冲断层为 50°反接，与罗纯岗背斜相横跨；背斜核部为侏罗系蓬莱组，两翼为白垩系天马山组及夹关组；轴面倾北西、倾角 70°左右，北西翼倾角 8°～15°，南东翼倾角 50°～70°，两翼不对称。

蒙山背斜由白垩系地层构成，主要分布棕红色泥灰岩与杂色页岩，两翼伴有走向断层，南东翼蒙泉院—大石板冲断层与北西翼吴家山—庙子岗断层组合成地垒，蒙山背斜实为地垒式背斜。位于名山区西部的蒙顶山，属蒙山背斜北段，两翼走向断层发育，成为地垒式背斜山，顶部裂隙经剥蚀，残留 5 个小山峰，主峰上清峰海拔 1 440 m，南东翼断层崖上建有石级古道——天梯，是自然与人为相结合的产物。后山厚层紫色砂岩因剥蚀崩陷而成石墙、石柱等崖壁地貌。

③周公山背斜：周公山背斜又称彭家上背斜，北段即周公山，轴线走向北北东 20°，核部出露侏罗系蓬莱组地层，两翼为白垩系夹关组或灌口组；南段为南北走向经沙坪镇东侧南延入周河乡境内，核部出露白垩系中统或下统地层，东翼被大砍头冲断层破坏，出现金船山、黄村岩等海拔 1 700 m 以上的断块山。

（2）多营镇

①构造地貌：

Ⅰ．单斜构造：倾斜岩层形成一个典型的单斜构造。

Ⅱ．断层崖：此处为新开店冲断层，因经过雅安市多营镇新开店而命名。断层崖北段经圆光山、九岭岩，直达上里镇箭杆林，横切罗纯山背斜东翼，延伸至邛崃市境内称为盐井溪冲断层；南段穿青衣江经对岩镇殷家村南下，经八步乡白云村拐向南西直达荥经县石龙乡，横切天风背斜东翼，为压扭性断层，呈舒缓波状"S"形弯曲。断层线走向 NE0°～45°，长约 31 km，是雅安市境内最长的断层。断层面向北西倾斜，倾角 70°～75°。北西盘向东仰冲，东南盘遭受强烈挤压，使背斜南段形成百米以上的挤压破碎带并使东翼灌口组地层直立倒转，次级褶皱发育，显示为反时针扭动。北段下盘出现峡口断层、大石断层和蒙泉院断层均为新开店冲断层的派生断层。观音岩断层破碎带，岩石几乎直立，地处破碎带、地下水的发育。

②泥石流沟：泥石流沟位于雅安市多营镇陆王村，作为四川省典型的泥石流沟，可在此处观察地质灾害及周边的岩石分布及土地资源利用状况。泥石流发生在古泥石带来的洪积物堆积区——洪积扇。泥石流发生的条件：三面环山的地形、充足的降水、充足的碎屑物质。

③河流阶地：雅安城区附近阶地第四纪沉积物形成时代见表 2-5-1。河边是轻壤。油沙田又称蒙金型，上部透水透肥，通气性好；下部保水保肥，是种植作物的理想土壤。同时，可观察河流沉积物的沉积分异规律及其受堆积物影响。

（3）飞仙关　飞仙关位于多功峡，处在雅安、天全、芦山交接处，为青衣江下切罗纯山南端而成的箱状峡谷；长约 8 km，最险处岩如刀削，壁立千仞，中通一线；处于断层处，因河流横穿背斜或向斜翼部，受岩性差异和新构造运动抬升，河流下切而形成两壁陡峭的景观。断层处为灌口组岩石，注意观察紫色钙质泥岩或粉砂岩，有紫色钙质泥岩或粉砂岩说明地壳不稳定，有升降振荡运动（影响地下水位的深浅）。沿途可观察蒙山背斜的核部和两翼。芦山河与天全河合并，形成青衣江的源头，可以观察到河流上游的地质现象；同时可观察河曲现象及其河流两侧的农田与居民点的布设状况。

表 2-5-1　雅安城区附近阶地第四纪沉积物形成时代

阶地级数	代表阶地	阶地名称	成因	岩性及厚度	冰期	地质时代
河漫滩		河床	现代冲积层	现代砾石	冰后期	全新统
Ⅰ	城区沿江路	上坝姚桥	近代冲积层	黏土、泥炭、砂砾层		

（续）

阶地级数	代表阶地	阶地名称	成因	岩性及厚度	冰期	地质时代
Ⅱ	陆家坝	苍坪山麓，濆江两岸	上部流水沉积，下部冰水沉积	黏土透镜体、砂层、砂卵石层。雅安城区西冰水沉积，濆江北岸冰川泥砾	杂谷脑冰期	上更新统
Ⅲ	飞机坝	苍坪山顶	流水沉积、冰水沉积及冰川泥砾	黏土厚（1~1.5 m）砾石层（10~14 m）泥砾层	二道坪冰期	中更新统晚期
Ⅳ	甘家漕（青江村）	龙岗山半坡	上部冰水沉积，下部冰川泥砾	黄褐色泥砾，黏土夹擦痕漂砾（2~3 m），下部红棕色黏土（8~9 m）	瓦达山冰期	中更新统早期
Ⅴ	龙岗山顶	青元村	冰川泥砾	黄色泥砾黏土夹擦痕漂砾（2~8 m）	山王庙冰期	下更新统

（4）芦山向斜　芦山向斜位于宝兴背斜和蒙山背斜之间，在芦山县境内，是一长条形向斜，两翼岩层较陡，北端昂扬端在隆兴龙门乡一带。芦山向斜为芦山褶断束地质构造单元的最北部分，也是四川盆地最西缘的向斜，是雅安地区境内最大向斜构造；轴部东北起玉溪河谷地，与邛崃市南宝向斜相接；向西南经龙门河谷、芦山河谷入天全县境，经始阳镇再沿荥经河谷直达兴业乡，全长约 60 km，轴线北东 35°左右；发育于中生代地层中，为一平缓开阔两翼大体对称的向斜，在芦山县城附近宽约 10 km；核部为下第三系，翼部为中生界，主要是白垩系地层。

（5）宝兴背斜　宝兴背斜为龙门山西端的主体构造，走向北东 45°，轴部在宝兴县城一带，往东北延伸，经芦山白铜尖子、上中嘴，经大邑县、崇州市而达灌县北部；往南西延至天全县两河口及荥经县三合乡一带。宝兴背斜具体位于芦山向斜西部，龙门山褶断带南端；核部出露宝兴杂岩、黄水河群及紫石关杂岩等，背斜开阔舒展，南北两边均有断裂，断层发育，造成岩石不连续，平行于走向形成有多条断层和飞来峰。

（6）双石冲断层　从宝兴背斜东翼至接近核部，中间产生了一小褶曲，此处形成双石冲断层，因经过芦山县双石镇命名。其位于宝兴背斜与芦山向斜之间，是龙门山褶断带与川中台拗两地质构造单元的分界线。断层两侧都是燕山运动以来沉积的白垩系、侏罗系、晚第三系陆相盖层岩系。断层线北段走向为北东 45°，在大川镇附近因受峨眉断块南北走向影响而成北东 20°，并在横山岗西与小关西断层交接；南段经宝兴县大溪乡入天全县境内经老场乡大庙村，在白沙河附近合并小关冲断层后，转向北北东 10°，再经小河乡关家村、青石乡响水溪，穿天全河后在大河乡庙子岗与荥经县北上的北西向青龙断层相交，构成四川盆地西角的顶端。双石冲断层是地壳运动活跃带，芦山县、天全县、邛崃市发生的地震多沿这条断层发生。因断层面倾向北西，倾角 45°～65°，故震中多在断层线北西侧。

（7）大岩峡　大岩峡位于芦山县仁加、双石两乡镇交界的西川河上，由西川河下切灵鹫山东北端而成的箱状峡谷，长约 5 km，宽 20～50 m。峡谷东为黄茅坡，西为关防山，两山相对，形成"十里峡谷一线天"地形。山间岩石多为石灰石凝成的砾岩，山体岩溶地貌发育，多大型溶洞和岩溶洼地，悬泉瀑布，飞漱其间，清澈甘甜的泉水，从洞中涌出，汇入西川河。在峡谷入口处，明显可见"谷中谷"现象；峡谷内广泛分布紫色砂岩和砾岩；峡谷出口处的洪积扇，地形开阔，形成仁加坝。

①谷中谷：谷中谷是地壳间歇性抬升的结果，反映了新构造运动的剧烈程度与频次。

②紫色岩：砂岩和砾岩，属沉积岩的碎屑岩类，岩石由碎屑和胶结物组成，具有良好的透水性，垂直节理发育，厚层砂岩或砾岩，在新构造运动地壳相对抬升影响下，流水沿裂隙及垂直节理冲刷切割，常发育成"一线天"峡谷、石崖、石峰等丹霞景观。

③仁加坝：仁加坝是宝兴河出灵关峡口形成的洪积扇，沿向斜 W 翼走向，都以砾岩为主，岩性抗蚀力强，因此卜切成峡谷。

（8）小关冲断层　小关冲断层因经过宝兴县中坝乡小关而命名，位于宝兴复背斜东南翼，走向与背斜轴部基本一致；北东延入芦山县境经中林乡林盘村、大川镇杨开村在横山岗西与双石冲断层交合；南西延入天全县境内，在白沙河附近与双石冲断层交合；断层面倾角 50°～75°。上盘是五龙推覆体覆盖形成的飞来峰带来的泥盆系、志留系地层和原有的三叠系构成不整合构造。下盘由许多小断层组成断层束，较长的一条是中坝断层。断层束造成岩层倒置，基底是宝兴杂岩大量裸露地带。

（9）龙门洞　龙门洞位于芦山青龙场，处于白垩系红色砾岩中，砾石以灰岩为主，由钙质、铁质胶结，在水的作用下形成岩溶式溶洞。砾岩岩溶常称为假岩溶，它与纯石灰岩构成的岩溶溶洞有所不同，洞内不易见到较大的石钟乳。

（七）北京小西山地区实习

1. 实习区概况　北京西山是北京西部山地的总称，属太行山余脉，由一系列北东走向大致平行排列的山脉组成。北京西山是我国地质工作开始最早的地方，素有中国地质工作"摇篮"之称。北京小西山实习区位于北京市西南部门头沟区及海淀区，主要实习路线有上苇甸—下苇甸—永定河路线，妙峰山—南庄村—桃源村路线，军庄—灰峪村—大觉寺—凤凰岭路线。这里曾经构造运动非常活跃，因而保留了大量复杂的构造形迹，可见褶皱、断层和节理等。实习区内出露的地层也较多，由老至新有：青白口系（Qb）、寒武系（Є）、奥陶系（O）、石炭系（C）、二叠系（P）、三叠系（T）、侏罗系（J）、第三系（R）、第四系（Q）。该实习区内分布的主要岩石类型有：花岗岩、花岗闪长岩、玄武岩、石灰岩、砾岩、砂岩、页岩等。实习区内还可观察到河流地貌、断层三角面山、洪积扇等地貌类型，以及岩浆岩侵入体、沉积岩层理、岩石风化、第四纪沉积物、土壤发育情况。

2. 主要的野外实习路线

（1）上苇甸—下苇甸—永定河路线

①实习内容：观察花岗闪长岩、页岩、砂岩等岩石的岩性特征；观察褶皱与断层构造的特征；观察岩脉穿插并判断相对新老关系；观察地层之间的接触关系；观察花岗闪长岩、页岩等岩石的风化特点；观察断层三角面山、河流阶地、河漫滩、坡积物等地貌。

②主要观察点：

P_1：上苇甸侵入体，观察侵入体岩性特征、球状风化、岩脉穿插关系。侵入体为花岗闪长岩，其中穿插有辉绿岩脉。可以观察到岩石球状风化的各个阶段，风化作用形成的岩石碎屑、砂粒和土壤混杂堆积。

P_2：P_1 点下行约 20 m 处，观察 X 型岩脉穿插关系和围岩捕房体。该处发育有 3 条花岗闪长岩岩脉（含围岩捕房体）（图 2-5-25），右侧 2 条被左侧 1 条切割。左侧岩脉为细粒结构，右侧岩脉为粗粒结构。

P_3：P_2 点下行约 20 m 处，观察正长斑岩岩墙被断层错断，并判断断层性质。岩墙中部被断层错断并存在明显位移，断层面均较为平缓。

P_4：P_3 点下行约 15 m 处，观察青白口系下马岭组（Qbx）碳质页岩夹浅色粉砂岩地层的岩性特性和断裂构造。该点发育有一处断裂构造，断层面自左下蜿蜒向右上延伸，沿断层面对称发育有 4 个拖曳褶曲，根据岩层错动和拖曳褶曲可判断其为逆断层。

P_5：P_4 点下行约 50 m 处，观测下马岭组地层中褶曲被岩脉切割的现象。

P_6：109 国道 40 km 处，观察坡积物的特征。结合坡积物的形成过程认识其分选性与磨圆度特点。

P_7：P_6 点下行约 100 m 处，下苇甸境内，观察页岩挤压变形和物理风化。下马岭组页岩被严重挤压变形并破碎，形成紧密褶曲和大量页岩碎片（图 2-5-26）。

P₈：P₇点下行约100 m处，观察青白口系长龙山组（Qbc）地层岩性。此处地层由黑色石英砂岩组成，岩石中清晰可见水平层理、斜层理和交错层理（图2-5-27）。

P₉：P₈点下行约100 m处，观察青白口系景儿峪组（Qbj）地层岩性和差异风化。此处地层为白云质灰岩，滴加稀盐酸后气泡明显。岩石为化学隐晶结构，含有较多泥质组分。表面发育有刀砍状构造，风化较慢的泥质组分在岩石表面突出。

P₁₀：下苇甸桥处永定河畔，观察凹岸侵蚀—凸岸堆积、河漫滩、河流阶地、断层三角面山等地貌。河流在此处弯曲，凸岸发育有河漫滩沉积。此外，可观察构造抬升和河流下切形成的河流阶地和断层三角面山地貌。

P₁₁：下苇甸村南口东北300 m公路旁，观察青白口系与寒武系之间的平行不整合接触（图2-5-28）。此处青白口系为白云岩，寒武系为石灰岩，包括鲕状灰岩、竹叶状石灰岩、豹皮灰岩等。

图2-5-25　花岗闪长岩岩脉

图2-5-26　下苇甸下马岭组（Qbx）
紧密褶皱

图2-5-27　下苇甸长龙山组（Qbc）
砂岩中交错层理

图2-5-28　下苇甸青白口系与寒
武系间角度不整合

（2）妙峰山—南庄村—桃源村路线

①实习内容：认识条带状灰岩、鲕状灰岩、竹叶状石灰岩的岩性特征；观察褶曲形态；进一步练习地质罗盘仪的使用。

②观察点描述：

P_1：该点位于南庄村北 300 m 的滴水岩（7 km 路牌处），自然露头为中侏罗世九龙山组第三段（J_{2j}^3）凝灰质砂岩，深紫红色，巨厚层，主要成分为石英和长石，凝灰质胶结物，砂状结构，块状构造，产状为 157°∠44°（图 2 - 5 - 29）。

P_2：该点位于南庄村北口，为界线点，该点仍为中侏罗世九龙山组第三段（J_{2j}^3）深紫红色凝灰质砂岩，岩石出露较好，产状为 340°∠65°。该点以南被植被和第四纪沉积物覆盖。

P_1 至 P_2 沿途均被植被覆盖，偶见少量的黄土出露，能见到一些发育较好的垂直节理，可能为马兰黄土。

P_3：该点位于南庄村内，为界线点，该点以北被植被和第四纪坡积物覆盖；该点岩石出露较好，岩性为早奥陶世（O_1）石灰岩，灰黑色，中厚层，主要成分为方解石，化学结构，块状构造，产状为 343°∠73°。

P_2 至 P_3 沿途均被植被和坡积物覆盖。

P_4：该点位于 P_3 点南 10 m 左右。该点岩石出露较好，岩性为晚寒武世（$\in_3$）鲕状灰岩（图 2 - 5 - 30），灰黑色，中厚层，鲕粒大小通常在 1～2 mm，密集分布。其主要成分为方解石，化学结构，块状构造，产状为 350°∠50°。

P_3 至 P_4 沿途岩石出露好，岩性为早奥陶世（O_1）石灰岩。

图 2 - 5 - 29　深紫红色凝灰质砂岩

图 2 - 5 - 30　鲕状灰岩

P_5：该点位于南庄村南口，距 P_4 点约 80 m 处。中厚层中寒武世（$\in_2$）泥质条带灰岩（图 2 - 5 - 31），灰白色或土黄色。泥质条带一般宽约 2 cm，土黄色，主要成分为黏土矿物，滴稀盐酸不起泡，产状为 340°∠73°。

P_5 至 P_4 沿途为晚寒武世（$\in_3$）鲕状灰岩，出露很好。

P_6：该点位于桃园村。该点出露的是河漫滩冲积物和片流形成的坡积物。河漫滩冲积物位于坡积物下部，砾石分选性和磨圆度都较好，砾石直径一般 5 cm 左右。砾石排列有一定的方向，走向大致为南北方向，与河流方向一致。坡积物砾石分选性和磨圆度都很差。

P_5 至 P_6 沿途一直为泥质条带灰岩。

P_7：该点位于桃园村南（6 km 路牌处）。该点出露的是中寒武世（$\in_2$）泥质条带灰岩，厚层，产状为 200°∠45°。

P_6 至 P_7 沿途大部分地段被植被覆盖，少量地段能见到河漫滩冲积物。

P_8：该点位于桃园村南（5 km 路牌南 200 m 处）。该点出露的是中寒武世（$\in_2$）泥质条带灰岩，厚层，产状为 12°∠30°。岩石出露的厚度仅 15 m 左右。

P_7 至 P_8 沿途被植被覆盖。

P_9：该点位于桃园村南（4 km 路牌处）。中厚层中寒武世（$\in_2$）泥质条带灰岩，产状为 120°∠15°。

P_8 至 P_9 沿途一直被植被覆盖。

P_{10}：该点位于桃园村南（4 km 路牌南 100 m 处）。岩石出露良好，为晚寒武世（$\in_3$）鲕状灰岩夹竹叶状石灰岩（图 2-5-32）。鲕状灰岩，灰黑色，厚层。竹叶状石灰岩，灰白色，中厚层，竹叶大多数呈条带状，宽 0.5~1 cm，长 3~5 cm，密集分布。

图 2-5-31　泥质条带灰岩

图 2-5-32　竹叶状石灰岩

P_{11}：该点位于 X002-3 公里里程碑处。下奥陶世冶里组（O_1y），以泥质、白云质纹带灰岩为主，底部为豹皮灰岩，产状为 150°∠15°。

P_{10} 至 P_{11} 沿途一直是晚寒武世鲕状灰岩夹竹叶状石灰岩。

P_{12}：该点位于距沟口 2 km 处，中厚层早奥陶世冶里组（O_1y）泥质、白云质纹带灰岩。

P_{11} 至 P_{12} 沿途一直是下奥陶世冶里组（O_1y）泥质、白云质纹带灰岩。

P_{13}：该点距沟口 500 m 左右，出露很好，早奥陶世亮甲山组（O_1^1）中厚层白云质灰岩、白云岩和燧石团块灰岩，产状为 142°∠25°。早奥陶世冶里组（O_1y）泥质、白云质纹带灰岩在该点以南 500 m 结束，以南均被第四纪沉积物覆盖。

（3）军庄—灰峪村—大觉寺—凤凰岭路线

①实习内容：认识沉积岩的层理构造，恢复地层层序，练习用罗盘测量岩层及断层产状；观察断层的标志，推测恢复褶曲形态；认识砾岩、砂岩、页岩、玄武岩；认识岩床与围岩的关系；远观本区主要地貌形态。

②观察点：

P_1 点：军庄铁路旁，该点位于灰峪村背斜的南翼，岩性为下二叠统的中厚层石英砂岩夹薄层页岩（图 2 - 5 - 33）。石英砂岩，灰色或褐色，主要矿物为石英，中粒，岩石胶结物中含铁质矿物，砂状结构，块状层理构造；页岩，薄层，灰色，部分页岩含炭质成分较多而呈黑色，泥质结构，页理构造。地层产状为 157°∠44°。

图 2 - 5 - 33　中厚层石英砂岩夹薄层页岩

P_2 点：军庄铁道 3 号隧道口，下侏罗统南大岭组（J_1n）安山质玄武岩露头，灰绿色，主要矿物成分为辉石、斜长石，可见少量橄榄石斑晶，并且能见到少数伊丁石；隐晶质结构，块状构造及杏仁构造（图 2-5-34）。

P₁ 至 P₂ 点沿途，两点相距约 400 m，自 P₁ 点往南 200 m 地层出露很好，均为早二叠世中厚层石英砂岩夹薄层炭质页岩，岩石多为黄褐色，褐铁矿化明显，强烈破碎（图 2-5-35），且在两点中间处见一正断层（图 2-5-36）。

P₃ 点：该点位于 P₂ 点以南 50 m 处，为中侏罗统九龙山组（J₂j）凝灰质砂岩，主要矿物成分为石英，火山灰胶结。在距离该点以南不远处发现有地下水存在，说明在该地层岩性中的基岩裂隙较发育，此地下水为裂隙水。

P₄ 点：灰峪村后小山头，该点处于灰峪村背斜的核部。岩性为中奥陶统（O₂）石灰岩，灰白色，中厚层，化学结构，成层性很明显（图 2-5-37、图 2-5-38）；在石灰岩中还见有大约 30 cm 厚的岩床（图 2-5-39）。

P₃ 至 P₄ 点沿途为灰峪背斜的南翼到灰峪背斜的核部。

图 2-5-34　安山质玄武岩

图 2-5-35　薄层炭质页岩和石英砂岩

图 2-5-36　铁道边正断层

图 2-5-37　灰峪村背斜核部石灰岩

图2-5-38　灰峪村背斜核部　　　　图2-5-39　灰白色石灰岩中的岩床
　　　　　　　　　　　　　　　　　　　　　　　　（深色者）

　　根据以上几个点的观察，并结合该地区地质图，再推测想象，便可以恢复出这里褶皱的空间立体图形。

　　P_5点：灰峪村西侧山脚，该点处于灰峪村向斜的核部，岩性为下二叠统厚层砾岩和中厚层粗粒长石砂岩。2种岩石类型交替出现（图2-5-40、图2-5-41）。砾岩中砾石的磨圆度和分选性都较好。

　　P_4至P_5点沿途被居民点覆盖。

　　P_6点：灰峪村西侧山头，岩性为上石炭统（C_3）的炭质页岩和砂岩互层。页岩主要成分为石英、长石、云母及黏土矿物，泥质结构，页理构造，在页岩中有大量的植物化石存在，说明以前这里曾经是湿热环境。页岩产状为$0°\angle 2°$。

　　P_5至P_6点沿途，砾岩和粗粒长石砂岩一直出露很好。其中到较高的位置视野较开阔时，朝西北方向望去，能清晰可见在石灰岩地层中形成的一些构造地貌——断层三角面山（图2-5-42）。

　　P_7点：大觉寺旁，观察燕山期花岗岩的岩性及其球形风化等特征。

　　P_8点：从P_7点往西走几百米，为花岗岩与中侏罗统九龙山组（J_2j）砾岩分界点。观察砾岩的岩性。

　　P_7至P_8点沿途，可见到花岗闪长岩。

　　P_9点：大觉寺内，观察花岗岩裂隙及从裂隙流出的裂隙泉水。

　　P_{10}点：凤凰岭售票处旁不远处，从P_9点开车向北行驶到达目的地。凤凰岭花岗岩为燕山期侵入体。在此可以看到花岗岩基岩，肉红色，主要矿物成分为钾长石、石英和斜长石，粗粒结构，块状构造（图2-5-43）。在这里还可以看到岩石风化物砂性明显，土壤质地砂性，这与岩石的组成密切相关，砂粒主要为石英、长石。此外，凤凰岭花岗岩的球形风化也较明显（图2-5-44）。

图 2-5-40　砾岩

图 2-5-41　砾岩（下部）与长石
砂岩（上部）互层

图 2-5-42　断层三角面山

图 2-5-43　北京凤凰岭花岗岩

图 2-5-44　凤凰岭花岗岩球形风化

（八）北京周口店实习

1. 周口店地区地质概况　周口店实习区位于北京市西南的房山区境内。实习区的范围，北至迎风坡，南至孤山口，东至房山，西至十渡。

周口店地区大地构造处于华北板块中部，位于近东西向的燕山构造带与北北东向的太行山构造带的结合部。区内地质研究程度较高，在 1914 年前就已经开始有初步研究；区内地层发育较全，并可与华北地台等其他地区对比，区域上主要由房山侵入体及围绕其分布的多期多型式断层和褶皱组成（图 2-5-45）。

图 2-5-45　周口店地区区域地质略图

1. 太古界　2. 闪长岩　3. 花岗闪长岩　4. 花岗岩　5. 逆冲断层　6. 剥离断层

7. 高角度正断层　8. 面理产状　9. 背斜及向斜轴线　Q. 第四系　K. 白垩系

J. 侏罗系　CT. 三叠—石炭系　∈O. 奥陶—寒武系　Qb. 青白口系　Jx. 蓟县系　Chc. 长城系

（据宋鸿林，1996）

（1）地层及岩性　周口店地区地层属华北型，发育较全，区内从新生界到太古界的主要地层单位都有出露。太古界地层，零星分布于房山穹隆边缘部位，主要岩性为黑云母角闪斜长片麻岩、混合片麻岩等；中、新元古界地层在周口店地区出露广泛，岩石普遍遭受轻度变质。其中长城系（Ch）的常州沟组（Chc）主要为砂岩，串岭沟组（Chch）较少，主要为板岩和细砂岩，团山子组（Cht）为白云岩夹板岩，大红峪组（Chd）主要为砂岩；蓟县系（Jx）的雾迷山组（Jxw）主要为白云质大理岩，洪水庄组（Jxh）主要为含砂千枚岩，铁岭组（Jxt）为白云质大理岩；青白口系（Qb）各组地层出露齐全，主要分布于房山岩体北、西和中南部，包括下马岭组（Qbx）的片岩，长龙山组（Qbc）的砂岩，景儿峪组（Qbj）普遍为大理岩。

区内下古生界地层包括寒武系及下奥陶统，分布较广，主要是各种石灰岩。其中寒武系包括府君山组（$\epsilon_1 f$）、馒头组及毛庄组（$\epsilon_{1+2} m$）、徐庄组（$\epsilon_2 x$）、张夏组（$\epsilon_2 z$）、黄院组（$\epsilon_3 h$），下奥陶统包括冶里组（$O_1 y$）、亮甲山组（$O_1 l$）、马家沟组（$O_1 m$）。

上古生界缺失泥盆系和下石炭统，中上石炭统及二叠系主要分布在上寺岭—凤凰山和黄院、升平山、太平山一带。岩石类型复杂，岩层遭受轻度区域变质作用，局部受到岩浆侵入作用的影响，包括中石炭统本溪组（$C_2 b$）、上石炭统太原组（$C_3 t$）、下二叠统山西组（$P_1 s$）、下二叠统杨家屯组（$P_1 y$）、上二叠统红庙岭组（$P_2 h$）。

中生界以碎屑岩为主，包括三叠系双泉组（Ts）、下侏罗统南大岭组（$J_1 n$）和窑坡组（$J_1 y$）、中侏罗统龙门组（$J_2 l$）和九龙山组（$J_2 j$）地层。

新生界地层大面积分布在本区东部及东南部山前平原地区。

周口店地区岩浆岩较发育，既有深成中酸性侵入岩，又有浅成酸性—中性岩脉，种类有闪长岩脉、花岗细晶岩脉、煌斑岩脉、霏细岩脉、伟晶岩脉等。侵入体和岩脉出露良好，其他岩石或多或少都遭受了不同程度的区域变质作用，形成区域变质岩，在房山深成岩体周围及南窑等小型侵入体附近还叠加了热接触变质作用。因此本区广泛分布着原岩石沉积岩的变质岩。其中太古界变质杂岩，主要分布在房山岩体的南北两侧及东缘，出露不足 0.5 km²，主要由片麻岩、斜长角闪岩、变粒岩组成，并受到中等到强烈的混合岩化作用；元古界及显生宙的变质岩中以区域变质岩为主，占总面积的 75% 以上，此外，还有热接触变质岩、动力变质岩，主要有板岩、千枚岩、片岩、变质砂岩、变质火山岩、大理岩、糜棱岩、红柱石角（页）岩等。

（2）地质构造 北京周口店地处华北板块中部，位于太行山隆起东北端，东接华北平原，北为东西向的燕山山脉。这 2 个方向控制了区内的构造运动。燕山运动是造成区内地质构造复杂的主要原因之一，北部的房山侵入体对该区地质构造有较大的影响，致使构造线多方向展布，出现多种多样的褶皱类型，断裂构造也相当发育。

区内西部发育有 3 个较大规模的逆冲推覆构造，即黄山店褶皱—冲断构造、霞云岭冲断推覆构造和长操冲断推覆构造。还有区内东部出露的南大寨断层带。南大寨断层带位于著名的八宝山—南大寨断裂带的西南端，在区内表现为铲式冲断层系。断层总体向南东东向倾斜，西部为较陡的前锋带，切断了北岭向斜转折端。

区内褶皱有南窑复向斜、凤凰山向斜、太平山向斜以及宝金山平缓褶皱区。南窑复向斜的两翼较陡，中间产状较缓。凤凰山向斜位于房山穹隆北缘，东西向延伸，东端被南大寨断层所切。太平山向斜位于房山穹隆南缘，核部由石炭—二叠系地层组成，翼部为下古生界至元古界的地层；宝金山平缓褶皱区构造包括宝金山背斜、大草岭背斜、迎风峪向斜和黄院—164背斜等。这些构造的总体轴向都为东西向，岩层产状平缓。黄院背斜向 NE70°方向倾伏，过周口河断层后，即为著名的 164 背斜。还有北岭上叠向斜，是由侏罗纪煤系构成的向斜构造，是京西几个含煤盆地之一。

2. 野外实习路线

(1) 周口店—164 高地采石场路线

①实习内容：认识沉积岩的层理、层面构造，练习用罗盘测量岩层产状；观察确定 164 背斜的形态特征；认识下奥陶统马家沟组石灰岩的特征；观察古岩溶现象及洞穴堆积物。

②观察点：

P_1 点：164 高地南采石场开阔地，远观背斜的横剖面形态；介绍下奥陶统、石炭系及二叠系地层的分布情况。

P_2 点：第一采石场，认识马家沟组石灰岩；区分层理、层面及节理；练习地质罗盘仪的使用方法，测量石灰岩层的产状；观察小逆断层。

P_3 点：第二采石场西南，164 高地南端旧采场，观察节理的形态和性质；认识石灰岩上土壤层及古风化壳的特征。

P_4 点：第一采石场的东端，观察古岩溶洞穴及钟乳石；认识褐红色砂砾黏土等洞穴堆积物。

(2) 煤炭沟—砾岩山—三不管沟路线

①实习内容：了解太平山向斜概貌；认识砾岩、变质砂岩、板岩、千枚岩、片岩、大理岩等岩石；分辨 Q_2 与 Q_3 堆积物的特征；远观本区主要地貌形态；观察断层的标志。

②观察点：

P_1 点：煤炭沟炸药库，认识石炭系灰黑色红柱石角岩和含植物化石碎片的黑色板岩；观察下奥陶统石灰岩风化壳的红色亚黏土。

P_2 点：方头山北，认识二叠系的变质砂岩；角岩和板岩中的褐铁矿假晶；石英细脉沿裂隙或层理贯入。

P_3 点：瞭望台西，观察千枚岩和角砾岩。

P_4 点：参观小煤窑，认识太原组的无烟煤及次石墨化；观察直立岩层。

P_5 点：大砾岩山，鉴定砾岩的结构和物质成分；观察红色亚黏土与黄土状物质不整合接触；观察中山、低山、丘陵及小型洪积扇地貌。

P_6 点：一条龙山东端，认识青白口群的片岩、千枚岩、大理岩；观察花岗闪长岩与白云岩的侵入接触关系及接触变质作用形成的大理岩。

P_7 点：三不管沟采石场，观察逆冲断层的特点和标志；认识寒武系的大理岩特征；认识霏细岩及其边缘的流动构造。

（3）山顶庙—关坻—山口村路线

①实习内容：观察太古界、上元古界及下古生界地层的岩性特征；观察岩脉的类型、穿插关系和先后顺序；分析断层的性质；了解周口河的一般情况。

②观察点：

P_1 点：山顶庙南坡，认识上寒武统条带灰岩岩性；观察条带灰岩中复杂的小褶皱形态；观察牛口峪水库。

P_2 点：山顶庙北山口，观察太古界与元古界地层的接触关系；认识片麻岩、混合岩等的特征。

P_3 点：乱石垆，区分上寒武统与下奥陶统灰岩、岩溶的特点；观察上更新统与中更新统堆积物的不整合接触。

P_4 点：关坻村，观察片麻岩风化物及其上的土壤特性。

P_5 点：枪杆石，区分花岗闪长岩、花岗岩、石英闪长岩及细晶岩的岩性特征；观察岩脉的穿插关系，分清先后顺序；绘制岩脉穿切关系素描图。

P_6 点：一条龙山西端，观察断层的标志和上、下盘岩性特征；测量产状、确定断层的性质。

P_7 点：钻探所附近，观察周口河河谷地貌；分析周口河断层性质。

（4）良各庄—迎风坡—东山口路线

①实习内容：房山花岗闪长岩接触带的特征；了解花岗闪长岩由似斑状—中粗粒—中粒结构的变化情况；认识花岗闪长岩中的捕房体和析离体；观察花岗闪长岩风化壳层次及与土壤的关系；观察花岗闪长岩区地貌形态。

②观察点：

P_1 点：良各庄火车站东山（迎风坡顶），了解球状风化的形成；观察花岗闪长岩剥蚀丘陵地貌和石海地貌；认识蘑菇石、摇摆石的形态及分析其形成过程。

P_2 点：迎风坡顶南部，观察似斑状花岗闪长岩及其中析离体的特点。

P_3 点：建塑厂第三采坑，观察侵入接触关系；观察风化壳的层次及花岗闪长岩上的土壤特征。

P_4 点：建塑厂第二采坑，鉴定中—中粗粒花岗闪长岩岩性；观察沿垂直节理贯入的岩脉形态和岩性。

P_5 点：建塑厂第一采坑，鉴定中—中细粒花岗闪长岩岩性；分辨捕虏体与析离体；观察后期岩脉穿切花岗闪长岩；分析花岗闪长岩与石英闪长岩的接触关系。

P_6 点：老牛沟口，观察三级阶地与二级阶地的地貌特征；区分第四纪沉积物的类型。

（5）龙骨山—水泥厂路线

①实习内容：观察"上砾石层"及剥蚀、岩溶化丘陵；观察岩溶地貌及猿人洞洞穴堆积；参观北京猿人遗址博物馆；确定第四系地层层序。

②观察点：

P_1 点：龙骨山，认识"上砾石层"岩性特征；远观太平山、云峰寺剥蚀丘陵地貌形态；观察残留的红色黏土古风化壳。

P_2 点：猿人洞（第一地点），了解猿人洞发掘历史；观察猿人洞的地貌及洞穴形态特征；认识猿人洞堆积物的特点。

P_3 点：山顶洞，观察洞穴形态特征；认识洞穴堆积物的特点。

P_4 点：北京猿人遗址博物馆，重点参观猿人洞和山顶洞中发掘出的实物标本及模型。

P_5 点：鸡骨山油库沟口，观察三级阶地的地貌特征。

P_6 点：水泥厂后山，确定褶皱各组成要素及褶皱类型。

（九）参观中国地质博物馆

"中国地质博物馆"位于北京市西四大街羊肉胡同内，是我国规模最大、成立最早的全国性地学博物馆，也是目前亚洲最大的综合性地学博物馆。馆内藏品丰富，品种齐全，共有中外各种类型地质标本 10 万余件，包括一些珍品：世界罕见的恐龙化石——巨型山东龙，北京周口店山顶洞人文化遗址的石器等，有"辰砂王"之称的我国最大的辰砂晶体。

该馆主要有"岩石矿物厅""地球史厅""宝石厅""古生物厅"和"国土资源厅"。要求仔细观察陈列的标本，尤其注意观察那些晶形完好、典型、特别的标本。通过观看，能对矿物的形态、物理性质、分类，三大岩类的特点和某些外力地质作用特点、国土资源及其他地学内容有更深的印象，有助于对某些理论知识的理解和认识。

第三部分 常见矿物、岩石、化石和典型景观照片

一、常见矿物、岩石、化石照片

（一）常见矿物照片

1. 自然元素和硫化物

图 3-1-1　石墨

图 3-1-2　自然铜

图 3-1-3　长在围岩上的
黄铁矿

图 3-1-4　黄铁矿

图 3-1-5　黄铁矿晶簇与
石英晶簇

图 3-1-6　辉锑矿晶簇

图 3-1-7　方铅矿

图 3-1-8　黄铜矿

图 3-1-9　闪锌矿

图 3-1-10（1）　雄黄单晶

图 3-1-10（2）　雄黄集合体

图 3-1-11　雌黄

2. 氧化物和氢氧化物

图 3-1-12　石英

图 3-1-13　蔷薇石英

图 3-1-14　水晶和紫水晶

图 3-1-15　水晶晶簇

图 3-1-16　墨晶

图 3-1-17　钛晶

图 3-1-18　战国红玛瑙
及石英

图 3-1-19　蛋白石

图 3-1-20　刚玉

图 3-1-21　铝土矿

图 3-1-22　褐铁矿

图 3-1-23　赤铁矿

图 3-1-24　肾状磁
铁矿

3. 卤化物

图 3-1-25　萤石晶簇

图 3-1-26　萤石和白云石
晶簇

图 3-1-27　萤石和方解石

4. 硅酸盐

图 3-1-28　青金石（含黄铁矿和方解石）

图 3-1-29　符山石

图 3-1-30　异极矿

图 3-1-31　鱼眼石

图 3-1-32　黄玉

图 3-1-33　坦桑石

图 3-1-34　葡萄石

图 3-1-35　硅灰石

图 3-1-36　蓝晶石

图 3-1-37　空晶石

图 3-1-38　红柱石

图 3-1-39　叶腊石

图 3-1-40　滑石

图 3-1-41　沸石

图 3-1-42　辉沸石

图 3-1-43　绿帘石和石英

图 3-1-44　绿帘石

图 3-1-45　方纳石

图 3-1-46　电气石

图 3-1-47　镁电气石

图 3-1-48　钙铝石榴石

图 3-1-49　钙铁石榴石

图 3-1-50　蛇纹石

图 3-1-51　蒙脱石

图 3-1-52　高岭石

图 3-1-53　正长石卡氏双晶

图 3-1-54　正长石晶簇

图 3-1-55　条纹长石

图 3-1-56　天河石

图 3-1-57　斜长石

图 3-1-58　金云母

图 3-1-59　白云母

图 3-1-60　黑云母

图 3-1-61　角闪石(柱状者)

图 3-1-62　透闪石

图 3-1-63　阳起石

图 3-1-64　普通辉石

图 3-1-65　绿辉石

图 3-1-66　蔷薇辉石

图 3-1-67　橄榄石

图 3-1-68(1)　绿柱石

图 3-1-68(2)　白云母晶簇中的海蓝宝石（宝石级绿柱石）

5. 其他含氧盐

图 3-1-69　绿松石

图 3-1-70　磷灰石

图 3-1-71　针状孔雀石

图 3-1-72　蓝铜矿

图 3-1-73　文石花（彭兆远 摄）

图 3-1-74　层解石和萤石

图 3-1-75　方解石

图 3-1-76　冰洲石

图 3-1-77　红方解石

图 3-1-78　纤维状石膏（左）和板状石膏（右）

图 3-1-79　沙漠玫瑰—石膏（墨西哥）

图 3-1-80　重晶石晶簇

（二）常见岩石照片

1. 岩浆岩

（1）酸性岩浆岩

图 3-1-81　珍珠岩

图 3-1-82　黑曜岩

图 3-1-83　流纹岩

图 3-1-84　伟晶花岗岩

图 3-1-85　文象结构花岗岩

图 3-1-86　似斑状花岗岩

图 3-1-87（1）中粒花岗岩

图 3-1-87（2）粗粒花岗岩

（2）中性岩浆岩

图 3-1-88　粗面岩

图 3-1-89　正长斑岩

图 3-1-90　石英正长岩

图 3-1-91　紫色安山岩

图 3-1-92　绿色安山岩

图 3-1-93　杏仁状安山岩

图 3-1-94　石英闪长玢岩

图 3-1-95　闪长岩

图 3-1-96　角闪闪长岩　图 3-1-97　黑云母花岗闪长岩

（3）基性及超基性岩浆岩

图 3-1-98　气孔状玄武岩　图 3-1-99　杏仁状玄武岩　图 3-1-100　伊丁玄武岩　图 3-1-101　辉长岩　图 3-1-102　橄榄岩

2. 沉积岩

（1）碎屑岩类

图 3-1-103　砾岩　　图 3-1-104　长石砂岩　　图 3-1-105　石英砂岩　　图 3-1-106　粉砂岩

（2）黏土岩类

图 3-1-107　泥岩　　图 3-1-108　高岭石黏土岩　　图 3-1-109　紫色页岩　　图 3-1-110　钙质页岩

图 3-1-111　碳质页岩

图 3-1-112　黑色页岩

图 3-1-113　含狼鳍鱼化石的页岩

（3）化学岩及生物化学岩类

图 3-1-114　硅藻岩

图 3-1-115　刀砍状白云岩

图 3-1-116　白云岩

图 3-1-117　虫孔状灰岩

图 3-1-118　生物碎屑灰岩

图 3-1-119　太湖石

图 3-1-120　叠层石灰岩

图 3-1-121　鲕状灰岩

图 3-1-122　竹叶状石灰岩

图 3-1-123　珊瑚灰岩

图 3-1-124　条带状含硅灰岩

图 3-1-125　普通石灰岩

图 3-1-126　泥灰岩

图 3-1-127　介壳灰岩

3. 变质岩

图 3-1-128　大理岩

图 3-1-129　石英岩

图 3-1-130　眼球状花岗片麻岩

图 3-1-131　十字石石榴石云母片岩

图 3-1-132　花岗片麻岩

图 3-1-133　云母片岩

图 3-1-134　绿泥石片岩

图 3-1-135　白云母石英片岩

图 3-1-136　千枚岩

图 3-1-137　板岩

（三）常见化石照片

图 3-1-138　狼鳍鱼化石

图 3-1-139　菊石

图 3-1-140　寒武纪三叶虫

图 3-1-141　蕨类植物

图 3-1-142　六方珊瑚

图 3-1-143　三叠纪贵州龙

图 3-1-144　恐龙蛋（四川自贡

（四）常见宝玉石照片

1. 常见宝石

图 3-1-145　紫晶

图 3-1-146　红宝石与黝帘石玫瑰

图 3-1-147　红玛瑙

图 3-1-148　祖母绿晶体

2. 常见玉石

图 3-1-149　羊脂玉

图 3-1-150　岫玉

图 3-1-151　独山玉

图 3-2-152　翡翠

二、典型景观照片

（一）花岗岩地貌景观

图 3-2-1　三清山天门峰丛

图 3-2-2　三清山巨蟒出海

图 3-2-3　三清山花岗岩中的石英和长石

图 3-2-4　黄山贡阳山

图 3-2-5　黄山莲花峰和天都峰

图 3-2-6　北京凤凰岭

图 3-2-7　北京云蒙山

图 3-2-8　北京延庆古崖居

（二）玄武岩地貌景观

图 3-2-9　北京杏仁状玄武岩

图 3-2-10　广西涠州岛玄武岩

图 3-2-11　澳大利亚塔斯曼海边玄武岩棋盘室

图 3-2-12　澳大利亚惠灵顿山玄武岩

（三）砂岩地貌景观

图 3-2-13　张家界御笔峰

图 3-2-14　天津蓟州石英砂岩峡谷

图 3-2-15　天津蓟州八仙山

图 3-2-16　河南云台山黑龙王庙断层

图 3-2-17　河南云台山玉面大佛

图 3-2-18　四川乐山大佛

图 3-2-19　澳洲蓝山峡谷三姐妹峰

图 3-2-20　墨尔本国家公园（十二门徒之一——海蚀柱）

图 3-2-21　江西龙虎山砂砾岩丹霞地貌

图 3-2-22　贵州赤水蜂窝状丹霞壁画及斜层理

图 3-2-23　贵州赤水四洞沟飞蛙崖瀑布

图 3-2-24　浙江江郎山丹霞地貌

（四）石灰岩地貌景观

图 3-2-25　贵州荔波岩溶地貌　　　图 3-2-26　贵州天河潭　　　图 3-2-27　云南路南石林　　　图 3-2-28　北京银狐洞

图 3-2-29　巴西前寒武纪石灰岩溶洞（李保国摄）　　　图 3-2-30　河南云台山顶　　　图 3-2-31　北京门头沟　　　图 3-2-32　湖北恩施大地山川

（五）白云岩地貌景观

图 3-2-33　北京房山十渡　　　图 3-2-34　北京门头沟含燧石结核的白云岩差异风化　　　图 3-2-35　天津蓟州溶洞

（六）其他景观

图 3-2-36　北京青白口系与寒武系间角度不整合　　　图 3-2-37　北京箱型褶曲　　　图 3-2-38　北京花岗闪长岩中相互穿插的岩脉　　　图 3-2-39　北京砂岩中的斜层理　　　图 3-2-40　北京白云质灰岩中的岩脉及其差异风化

参 考 文 献

曹伯勋，2018. 地貌学及第四纪地质学. 北京：中国地质大学出版社.

陈晓辉，2015. 黄土区大型露天煤矿地貌演变与重塑研究. 北京：中国地质大学.

程捷，2009. 第四纪地质学与地貌学实习指导书. 北京：地质出版社.

邓喀中，2014. 变形监测及沉陷工程学. 徐州：中国矿业大学出版社.

杜恒俭，陈华慧，曹伯勋，1981. 地貌学及第四纪地质学. 北京：地质出版社.

戈定夷，田慧新，曾若谷，1989. 矿物学简明教程. 北京：地质出版社.

韩岭，2011. 地震灾害遥感特征分析与信息提取技术研究. 成都：成都理工大学.

华南农业大学，1990. 地质学基础. 北京：中国农业大学出版社.

华南农业大学，1999. 地质学基础. 北京：中国农业出版社.

景明，2014. 黄土区超大型露天煤矿地貌重塑演变、水土响应与优化研究. 北京：中国地
质大学.

李加林，杨磊，杨晓平，2015. 人工地貌学研究进展. 地理学报，70（03）：447-460.

李雪铭，2004. 城市人工地貌研究——以大连市为例. 南京：南京师范大学.

梁勇，2014. 基于遥感影像的文家沟滑坡特征研究. 北京：中国地质大学.

乔彦肖，赵志忠，2001. 冲洪积扇与泥石流扇的遥感影像特征辨析. 地理学与国土研究，
17（03）：34-38.

隋振民，2009. 水土保持专业实验实习指导书. 长春：吉林大学出版社.

唐洪明，2014. 矿物岩石学实验教程. 北京：石油工业出版社.

田明中，程捷，2009. 第四纪地质学与地貌学. 北京：地质出版社.

王鹏，张海燕，2012. 基于遥感技术对兖州煤田采煤塌陷地现状调查. 山东国土资源，28
（12）：49-51.

王数，东野光亮，2013. 地质学与地貌学. 2版. 北京：中国农业大学出版社.

王义强，单玄龙，2004. 地学认识实习指南. 长春：吉林科学技术出版社.

杨迎冬，晏祥省，张红兵，2010. 云南省东川区泥石流灾害SPOT5遥感影像特征. 灾害
学，25（04）：59-67.

叶茂，马瑞，孙家鹏，2007. 地球科学概论实验指导书. 长春：吉林大学出版社.

于炳松，赵志丹，苏尚国，2012. 岩石学. 北京：地质出版社.

张端阳，2015. 高分辨率遥感技术在矿山动态监测中的应用. 焦作：河南理工大学.

张光业，1990. 环境地貌学的若干基本问题. 地域开发与研究，09（02）：1-4.

赵珊茸，2004. 结晶学及矿物学. 北京：高等教育出版社.

附录一　常见岩石花纹图例

沙砾石	豹皮状灰岩	硬绿云母片岩
黏土	砂质泥灰岩	片麻岩
人工堆积	白云岩	角闪斜长片麻岩
砾岩	硅质岩	浅粒岩
砂砾岩	辉绿岩	变粒岩
石英砾岩	闪长岩	变质砂岩
砂岩	石英闪长岩	石英岩
长石砂岩	花岗闪长岩	斜长角闪变粒岩
长石石英砂岩	花岗岩	角岩
碎屑砂岩	煌斑岩	硬绿石角岩
复成分砂岩	板岩	红柱石角岩
泥质砂岩	砂质板岩	硅灰石大理岩
页岩	炭质板岩	大理岩
灰岩	红柱石板岩	透闪石大理岩
泥质灰岩	千枚岩	阳起石大理岩
硅质灰岩	片岩	透灰石大理岩
白云质灰岩	二云片岩	透灰石硅灰石大理岩
生物碎屑灰岩	绿泥片岩	构造角砾岩
条带状灰岩	红柱片岩	糜棱岩
竹叶状灰岩	榴云片岩	混合岩

附录二　常用构造符号

不整合界线

实测地质界线

推测地质界线

侵入岩接触面产状

岩相分界线

实测断层线

推测断层线

正断层

逆断层

平移断层

背斜轴线（轴迹）

向斜轴线（轴迹）

倒转背斜轴线（轴迹）

倒转向斜轴线（轴迹）

隐伏背斜轴线（轴迹）

隐伏向斜轴线（轴迹）

背斜枢纽的起伏及倾伏

向斜枢纽的起伏及倾伏

剖面线

片理或片麻理倾向及倾角

穹隆构造

构造盆地

飞来峰

构造窗

附录三 地层代号及色谱

宙	界	系			统	代号	色谱	绝对年龄(Ma)
显生宙	新生界(Kz)	第四系	Q		全新统	Qp	淡黄色	
					更新统	Qh		
		第三系 R	上第三系 N		上新统	N_1	鲜黄色	2.6
					中新统	N_2		
			下第三系 E		渐新统	E_3	土黄色	23
					始新统	E_2		
					古新统	E_1		
	中生界(Mz)	白垩系	K		上统	K_2	鲜绿色	65
					下统	K_1		
		侏罗系	J		上统	J_3	天蓝色	135
					中统	J_2		
					下统	J_1		
		三叠系	T		上统	T_3	绛紫色	203
					中统	T_2		
					下统	T_1		
	古生界(Pz)	二叠系	P		上统	P_2	淡棕色	251
					下统	P_1		
		石炭系	C		上统	C_3	灰色	295
					中统	C_2		
					下统	C_1		
		泥盆系	D		上统	D_3	咖啡色	355
					中统	D_2		
					下统	D_1		
		志留系	S		上统	S_3	果绿色	408
					中统	S_2		
					下统	S_1		
		奥陶系	O		上统	O_3	蓝绿色	435
					中统	O_2		
					下统	O_1		
		寒武系	∈		上统	$∈_3$	暗绿色	490
					中统	$∈_2$		
					下统	$∈_1$		
元古宙(Pt)		Pt_3	震旦系	Z			绛棕色	540 800
		Pt_2					棕红色	1 000 1 800
		Pt_1						
太古宙(Ar)							玫瑰红色	2 500

附录四　各种火成岩的代号及花纹

深成—中深成岩类				浅成岩类				次火山岩类			
中性岩类	基性岩类	超基性岩类	偏碱性—碱性岩类	酸性岩类	中性岩类	基性岩类	偏碱性—碱性岩类	酸性岩类	中性岩类	基性岩类	偏碱性—碱性岩类
闪长岩 δ	辉长岩 ν	辉石岩 ψ	正长岩 ξ	花岗斑岩 γπ	闪长玢岩 δμ	辉绿玢岩 βμ	石英正长斑岩 λξπ	长英流纹斑岩 cλπ	次闪长玢岩 cδμ	次玄武岩 cβ	次粗安玢岩 cταμ
黑云母闪长岩 δ	辉长辉绿岩 νβ	角闪石岩 ψ0	黑云母正长岩 ξ	石英斑岩 λπ	石英闪长玢岩 λδμ	碱性辉绿岩 βμ	正长斑岩 ξπ	流纹英斑岩 cλπ	次英安斑岩 cδα		钠长斑岩 Φ
变质闪长岩 δ	橄榄苏辉长岩 ω	辉石角闪石岩 ψ0	辉石正长岩 ξ0	流纹斑岩 λπ			二长斑岩 νξπ	次霏细斑岩 cνπ	次安山岩 cα		次石英长角砾岩 cλνξ
辉石闪长岩 ψδ		超基性岩未分 Σ	石英二长岩 λνξ	霏细岩 ν				次霏细角砾岩 cν	次安山玢岩 cαμ		
			霓辉正长岩 χξ	霏细斑岩 νπ				次花岗闪长角砾岩 cγδ	次英安角砾岩 cλα		
			二长岩 νξ	花岗闪长斑岩 γδπ							
			石英正长岩 λξ								